JN312981

韓国映像コンテンツ産業の成長と国際流通

規制から支援政策へ

金美林 *Kim Milim*

慶應義塾大学出版会

はじめに

1．「文化商品の国際流通」というテーマについて

　コンテンツ産業の発展・デジタル化・ネットワークの高度化・グローバル化の進展は国境を越えた文化商品の流通を触発している。「文化商品の国際流通」をテーマにした研究は、様々な分野・切り口から行われてきた。まず、異文化コミュニケーションの分野では、異なった文化を持った人々のコミュニケーションのためのツールとしての文化の流通が研究対象であった。国際コミュニケーションの分野においては、文化商品の国際流通が国家間の関係において持つ意味、特にその流通量と流通の方向に注目した研究が行われてきた。また、メディア研究においては、コンテンツの内容分析を通じて、国境を越えて流通された番組やニュースが、受け手にどのような影響を及ぼしているのかに注目してきた。国際コミュニケーションの分野では、このような内容分析を通じたメディア研究を土台にして、メディアが外国イメージ形成に与える影響に関しても研究を重ねてきた。

　本書の土台となった博士論文の研究も、当初は国際コミュニケーション分野でこれまで扱ってきた国際情報流通の研究にその出発点をおいた。最初は「中心部から周辺部へ」とは異なる方向へメディア商品の流通現象が起きる一つの事例として、韓国の事例を取り上げようとしたが、「韓流現象」と呼ばれる韓国大衆文化の流行現象が拡大するにつれて、それを可能にした国内産業の成長に目を向けるようになり、自然と韓国の映像コンテンツ産業に多大な影響力を発揮してきた政府の力へと、関心領域を広げるようになったのである。もちろん、国境を越えて文化が流通する過程には、政策以外の様々な要因が働いているだろう。政策の成功が（そもそも、韓国において映像コンテンツ政策が成功したかどうかは別の問題であるが）、厳しい競争を勝ち抜けるコンテンツの育成に直接的につながるとは、単純には言えない。「韓流現象」の真の要因は、第一に、「韓流現象」が起きた各地域における韓国の映

像コンテンツに対する需要が拡大したこと、第二に、グローバル社会の到来による文化的親近性や共通性の増加、第三に、韓国の映像コンテンツの面白さと競争力であると言えるだろう。

　需要の拡大の観点から論じると、一つの文化が異なる文化圏で受け入れられ享受されるということは、それを受け入れて享受する側の問題であり、送り出す側が強制するからといって起きるものではない。「韓流現象」が起きた各国によって細かい事情は異なるものの、それでも共通して言える需要拡大の要因はある。新たなメディアの登場によるチャンネルの増加がそれである。ケーブルテレビや衛星放送はもちろん、ブロードバンドの普及にともなうインターネットによる映像配信サービス、モバイルの普及が世界各国で始まっている現在、映像コンテンツ市場は拡大の一途を辿っている。

　ブロードバンドが全世界で共通して普及する以前には、まず韓国と文化的に近いとされてきたアジア地域を中心として、韓国の映像コンテンツに人気が集まっていたが、現在はアジア地域以外の国々へも韓国の映像コンテンツが届けられている。YouTubeなどの映像配信サービス、通信会社が提供するIPTVサービス、ネット回線を使って独自に映像コンテンツサービスを提供するHuluのような定額インターネット映像サービスなど、国境を越えた多様な映像コンテンツサービスの登場は、韓国のコンテンツに関心のある人なら誰でも容易にコンテンツへアクセスできるような環境を作っている。これはつまり、先ほど言及した第二の要因であるグローバル社会の登場に深く関わっている。ネットワークの技術により個人と個人がつながっている現代社会で、文化は共通性や親近性を増しながら拡大を繰り返している。しかもそのスピードは速い。昨日は知らなかった文化現象でも、今日はメインストリームになっている。こうした現象の事例としては、韓国の歌手「サイ(PSY)」の事例を挙げることができる。主に韓国国内で活動していた「サイ(PSY)」のミュージックビデオが、ある日突然YouTubeを通じて全世界で話題を呼ぶようになったことは、現代社会における国境を越えた文化流通の一つの特徴の表れと言える。

　次に、韓国映像コンテンツの面白さはどのように説明できるのかを考えると、そのコンテンツが持っている内容と構成を分析し、コンテキスト的なア

プローチから探す方法と、「面白さ＝競争力」という考え方を元にその競争力の根源を探し出すという方法の二つを挙げることができるだろう。このうち、前者は他の研究者にゆだねることにして本研究が焦点を合わせたのは、競争力を得るためにどのような過程を経て、関連産業が発展してきたのかを明らかにすることであった。特に韓国の場合、放送産業と映画産業の発展に政策が与えた影響力は、歴史的・政治的背景も影響してかなり大きい。こうした経緯もあり、本書は「『政策』を切り口にした文化商品の国際流通」に関する研究になった。

　上記からも予測できるように、今後「文化商品の国際流通」をテーマにする研究は、より学際的に広げる必要がある。ネットワーク社会の到来、モバイルの登場、ネットワーク社会における人々の行動や意識の変動、ネットワーク上の規制と今後のあり方、コンテンツと著作権の問題とそれに対する国際認識の変動、また、文化の共通性と親近性の変動など、社会科学・法学・人文学などの様々な分野にまたがる課題が「文化商品の国際流通」というテーマの上を覆っている。本書はその広大な研究の流れのほんの一部にすぎない。

2．本書の構成と内容

　この本は五部＝全10章と資料で構成されている。第一部では本研究の出発点となった韓流現象の世界的な現状を概観する。「韓流」という言葉の語源に関する説をまとめ、外国で起きた韓流現象が韓国国内においてどのような形の社会現象として現れてきたのかを検討する。また、アジア地域における韓流現象の様相を概観する。特にアジア地域においては韓流現象が多様な産業に影響を及ぼしているため、各国別にその様子をまとめる。そして、アジア地域を除いたその他の地域、すなわち西欧諸国とそれまで韓国と文化的な交流が比較的少なかった中東地域などにおいて韓国の大衆文化がどのような形で受け入れられているのかを整理していく。最後にこれらを元に全体的な韓流現象の傾向をまとめた。

　第二部では、韓国の映像コンテンツ産業の発展過程をまとめた。第3章では広告費の規模や放送業界の売上などを含む放送産業の市場規模、放送設備

や受信機などインフラの整備、番組の輸出入および放送以外のメディアを通じた国内番組流通など国内外におけるコンテンツ流通の変動を検討していく。第4章では映画産業について映画館入場料の変動や観客動員数などを含む市場規模の変動、映画制作と配給経路の変動などを整理した。

　第三部では、放送産業と映画産業に対して韓国政府が実施してきた規制と振興政策を概観し、政権の交代と共に韓国政府がどのように映像コンテンツ産業に対する立場を変えてきたのか、そして規制と振興政策がどのようにその役割を果たしてきたのかを取り上げた。まず第5章では放送の所有規制と映画の参入規制の変動と、放送と映画のコンテンツの内容規制の変動をまとめた。第6章と第7章では、放送と映画産業に対する政府の振興政策の変遷を法律の改正と支援組織の変化、支援のための運用資金の規模などを整理した。

　第四部の第8章においては、放送産業の国内市場拡大と外国市場開拓において政府がどのような役割を担ったのかを評価し、第9章では、映画産業の国内市場拡大および外国市場開拓と政策との関わりに関する議論を行った。そして第10章では第8章と第9章の議論を元に、韓国で成功、または失敗した政策を振り返り、映像コンテンツ情報の受け手国から送り手国になる過程において、各産業の発展段階ごとに有効となりうる政策をまとめた。

　第五部は、2005年韓国訪問時に行ったインタビュー調査の概要、放送・映画産業関連資料、政府支援関連資料、視聴覚サービス分野における市場開放、劇場や放送以外による映像コンテンツ流通、当時の韓国テレビ番組の輸出価格および地域別平均購入価格などをまとめた資料集になっている。

3．謝辞

　本書は慶應義塾大学政策・メディア研究科において2008年に提出した博士学位論文に、修正・加筆し書籍としてまとめたものである。出版の際にはKDDI財団からの助成金の支援が得られた。学位論文が書籍として生まれ変わることができたのは、すべてKDDI財団からの援助のおかげである。この場を借りて、関係各位に深く感謝したい。

　また、博士論文の執筆に際して、指導教員である国際教養大学の伊藤陽一教授（慶應義塾大学名誉教授）と慶應義塾大学の菅谷実教授から多大な助言

をいただいた。お二人は筆者の研究人生のお手本でもある。御礼を申し上げたい。また、博士論文の副査を務めていただいた慶應義塾大学の片岡正昭教授、桑原武夫教授、金正勲特任准教授からも貴重なご意見をいただいた。深く感謝したい。

　慶應義塾大学のSFCキャンパスにおける「インターネットとマスメディア」プロジェクトの旧メンバーにも感謝の言葉を贈りたい。特に、大学院生の時代から励ましあってきた李洪千さん（現、慶應義塾大学専任講師・有期）、西岡洋子さん（現、駒沢大学教授）、尹韓羅さん（現、慶應義塾大学博士課程）、秋山美紀さん（現、慶應義塾大学准教授）、神野新さん（情報通信総合研究所主席研究員）、渡辺真由子さん（現、慶應義塾大学博士課程）には、同期として、先輩や後輩として様々なアドバイスをいただいた。文化産業や政策に関する知識の交流においていつもお世話になってきた相模女子大学の湧口清隆教授、青山学院大学の内山隆教授にも感謝の言葉を贈りたい。さらに、学外の多くの方からもご支援いただいた。専修大学の山田健太教授、関西大学の劉雪雁准教授、マルチメディア振興センター主席研究員の飯塚留美さん、東京国際大学の上原伸元准教授、KOCCA（Korea Creative Content Agency）のキム・ヨンドクさん、京都精華大学講師の小泉真理子さんには、公私共に親しくしていただいた。心から感謝したい。韓国におけるインタビューの際、大いに助けていただいた放送局の関係各位に、そして元上司である韓国カトリック大学のイム・ハクスン教授にも御礼を申し上げたい。

　この本を出版するまでの長い道のりで、苦労を共にしてくださった慶應義塾大学出版会の乗みどりさんに深く感謝したい。この本が出版できたのは、彼女に励ましていただいたおかげである。

　最後にいつも変わらず見守ってくれる家族に感謝したい。韓国にいる父と母と弟夫婦、アメリカで一人頑張っている末っ子の弟、いつもそばで見守ってくれる研究の先輩でもある夫には、感謝の言葉も見つからない。2011年に元気な産声をあげた娘のクレアーにもありがとうと伝えたい。

2012年12月

金　美　林

目　次

はじめに　i

第一部　韓流現象
第1章　韓流現象の登場と影響力　3
第2章　各国の韓流現象とその傾向　11
1　各国の韓流現象　11
(1) 中国　11／(2) ベトナム　13／(3) 台湾　14／(4) 日本　16／(5) 北米とヨーロッパ　18／(6) 中南米　21／(7) 中東地域　22

2　韓流現象の傾向　23

第二部　韓国映像コンテンツ産業の成長
第3章　放送産業　29
1　韓国放送産業の概要　29
(1) 広告費　29／(2) 市場規模　31／(3) インターネットを通じた番組の流通　35

2　インフラの整備　37
(1) テレビ受信機の普及　37／(2) 放送設備　41

3　コンテンツ流通の変動　43

第4章　映画産業　53
1　韓国映画産業の概要　53
2　インフラの整備　56
(1) 制作会社と制作本数の変動　56／(2) 制作費　59／(3) 劇場と配給　61

3　コンテンツ流通の変動　65
(1) 劇場以外のチャネルにおける映画の流通　65

(2) 映画の輸出入と韓国産映画の市場支配力の変動　66

第三部　映像コンテンツ政策の歴史と概要

第5章　政府による規制　77
1　所有規制　77
(1) 放送産業の所有規制　77／(2) 映画産業への参入規制　84
2　コンテンツ規制　86
(1) 放送産業　86／(2) 映画産業　96

第6章　放送産業に対する支援政策　103
1　法律の整備　103
2　支援組織と内容　108
(1) 組織　108／(2) 制作部門に対する支援　114／(3) 流通支援　120／
(4) インフラ構築　129／(5) 人材育成　131
3　公的資金の助成と支援事業——基金の助成と運用　134

第7章　映画産業に対する支援政策　141
1　法律の整備　141
2　支援組織と内容　143
(1) 支援組織　143／(2) 基金の助成　145／(3) 支援事業と効果　152

第四部　韓国映像コンテンツ産業と政策の関わり

第8章　放送産業と政策の関わり　165
1　国内市場と政策　167　2　外国市場と政策　170

第9章　映画産業と政策の関わり　173
1　国内市場と政策　175　2　外国市場と政策　178

第10章　結論　181

第五部　資料
資料Ⅰ：インタビュー調査の概要　191

1　SBS放送局　191
　　2　放送映像産業振興院　192
　　3　映画産業振興委員会　194
　　4　ナムヤンジュ総合撮影所　195
資料Ⅱ：放送・映画産業関連図表　196
　　主な独立制作会社の現況（ドラマ制作専門）／主な番組の収益／韓国映画の国際映画祭における出品回数、出品作品数
資料Ⅲ：政府支援関連図表　202
　　優秀パイロット番組支援制度の支援番組の内訳／中東、アフリカ、中南米地域の番組輸出新規市場開拓の現況／年度別映像専門投資組合結成の現況／韓国映画アカデミーのカリキュラム
資料Ⅳ：視聴覚サービス分野における市場開放　211
　　ウルグアイ・ラウンド当時の主要国の視聴覚サービス分野の譲許の現況
資料Ⅴ：劇場や放送以外のチャネルにおける映像コンテンツ流通　212
　　地上波放送局が運営するインターネット放送局サイトの概要／ビデオ・DVD部門の売上額の変動／近年の国内ビデオレンタル店およびビデオ鑑賞室の数／映画ダウンロードサービスサイトに関する動向
資料Ⅵ：韓国テレビ番組の輸出価格および地域別平均購入価格（2001年）　215

参考文献　217
索　引　239

第一部　韓流現象

第 1 章　韓流現象の登場と影響力

　2003 年『冬のソナタ』が NHK で放送され大ヒットを記録して以来、「韓流」という用語は韓国に関連したあらゆるものを称する際の形容詞としてすっかり定着した。しかし、「韓流」という用語は元々日本で付けられたものではなく、中国のメディアが付けたと言われている。最初に「韓流」という言葉を使ったメディアに関しては様々な説があるが、1999 年中国の『青年報』で、中国の若者の間で韓国の大衆文化と芸能人が流行っていることに警戒する意味で使われたことが最初と言われている（ユ・サンチョル等、2005：1）。また、「韓流」という言葉が広範囲で流行するようになったのは、中華圏で影響力が大きい香港の週刊誌『亜洲週刊』が 2001 年に女優キム・ヒソンを表紙にして韓流特集を行ったのがきっかけとも言われている（ハン・ホンソク、2004：125）。語源は、「急な寒波」という意味で使われる「寒流」という言葉から来たと言われ、それが中華圏だけでなく同じく漢字を使う韓国と日本にまで広まる原因だったと言われている。中国で流行語が作られるためには、単語の発音と音読みの調和が大事である漢字特有の特徴を生かすことが重要で、中国人がすぐに受け入れられる表現方法に適していることが求められる。中国大陸ではロシアのシベリアから南下する寒波の影響を受けてきた歴史があり、「寒波」という言葉は中国人の生活と密接な関連がある自然現象の用語として、一般人にもよく知られている用語だった。中国からして北東に位置している韓国から流れてきた大衆文化の人気は予想外で強烈だったため、中国社会で慣れ親しんだ大衆用語の「寒流」を借用したのは適切な表現だったかもしれない（ハン・ホンソク、2004：123-125）。「韓流」という用語は韓国大衆文化の人気が拡大すると共に、中国からアジア諸国を回って日本に伝わってくるようになった。また、「韓流」という言葉が「Korean Wave」という風に翻訳され、2000 年代半ばから学術誌やアメリカのメディアなどにも紹介されるようになった[1]。一方、韓国大衆文化の人気が他産業

図表1-1　国家別に見た韓流の拡散段階

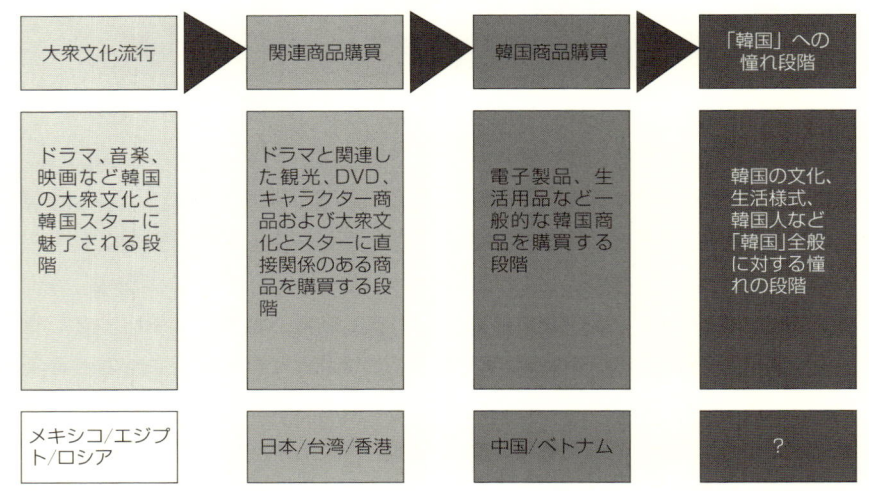

大衆文化流行	関連商品購買	韓国商品購買	「韓国」への憧れ段階
ドラマ、音楽、映画など韓国の大衆文化と韓国スターに魅了される段階	ドラマと関連した観光、DVD、キャラクター商品および大衆文化とスターに直接関係のある商品を購買する段階	電子製品、生活用品など一般的な韓国商品を購買する段階	韓国の文化、生活様式、韓国人など「韓国」全般に対する憧れの段階
メキシコ/エジプト/ロシア	日本/台湾/香港	中国/ベトナム	?

出所：ゴ・ジョンミン（2005）

のマーケティングに利用されることにより「韓流」という言葉の使い方も多様化した。最初は大衆文化の人気だけにその意味が限定されていたはずの「韓流」は、今や韓国そのものを指していると言ってもいいほど意味が拡大し、大衆文化だけでなく製造業や観光産業などにまでその範囲が広がっている。

「韓流現象」の拡大をわかりやすく示している図表がある。図表1-1は韓国のサムソン経済研究所のゴ・ジョンミン研究員が2005年に発表した研究報告書で韓流現象の拡大を段階別に区分したものである。

「大衆文化が流行する段階」は、ドラマ、音楽、映画、ゲームなど韓国の大衆文化と韓国俳優に魅了され熱狂する段階である。次の「関連商品を購入する段階」は、ドラマロケ地の観光、DVD、キャラクター商品など韓国大衆文化および韓国俳優と直接関連がある商品を購買する段階である。「韓国商品の購買段階」は電子製品、生活用品など一般的な韓国商品を購入する段階を意味する。最後に「韓国への憧れ段階」は、韓国の文化、生活様式、韓国人など韓国全般に対して憧れる段階である（ゴ・ジョンミン、2005）。

実際、韓流現象が起きた国々ではこのような順序で他産業への広がりを見

図表1-2　韓国を訪れた観光客数の変動（1997年～2006年）

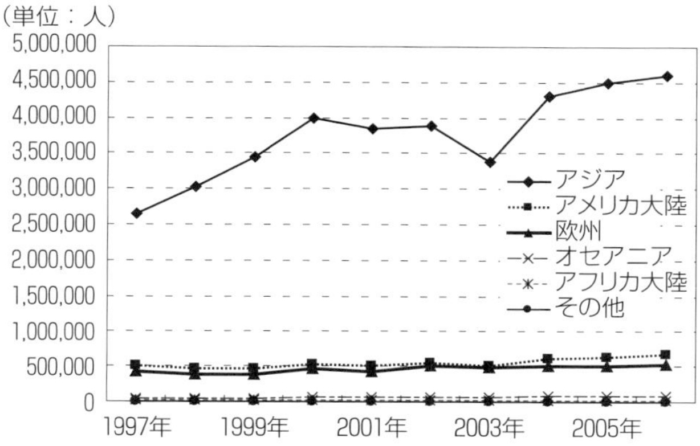

（単位：人）

凡例：アジア、アメリカ大陸、欧州、オセアニア、アフリカ大陸、その他

出所：韓国観光公社ホームページ

せていた。例えば、『冬のソナタ』や『宮廷女官チャングムの誓い』というドラマの人気はドラマロケ地めぐりのような観光商品を生み出し、韓流現象と共に各アジア地域から韓国を訪れる観光客の数は大幅に増加した。図表1-2は1997年から2006年の10年間に韓国を訪れた観光客数の変動を出発地域別に区分したものである。韓国を訪れる観光客の数は元々アジア地域からの人が他の地域より多かったものの、韓流現象が起きてからは、観光客の増加率も他地域よりアジア地域で大きいことがわかる[2]。そして、図表1-2からは確認が難しいが、韓国観光公社が発表しているデータでは他地域からの観光客も増え続けている。

また、2004年に韓国観光公社がチュゲ芸術大学文化産業研究所に依頼して行った調査によると、韓流現象が起きた中国、台湾、日本から2004年韓国を訪れた観光客の中で、韓流現象に影響され韓国を訪れた人や韓流現象と何らかの関係があって韓国を訪れた人は、全体の27.4％であることが判明した。その内訳は、日本の観光客の20.1％、中国の観光客の59.5％、台湾の観光客の53.5％が韓流関連で韓国を訪れたことになっている（チュゲ芸術大学文化産業研究所、2004）。

図表1-3から1-5は韓流現象が起きた主要国から韓国を訪れた観光客数の推移を示したものである。データを示している3国は共に2000年代に入

図表1−3　中国から韓国への観光客数の推移（1995年〜2006年）
（単位：人）

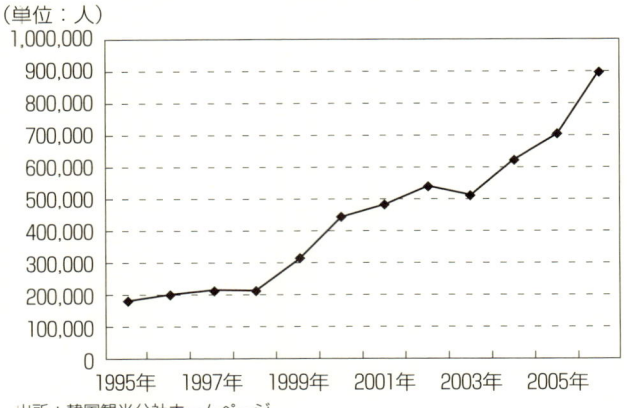

出所：韓国観光公社ホームページ

図表1−4　台湾から韓国への観光客数の推移（1995年〜2006年）
（単位：人）

出所：韓国観光公社ホームページ

ってから韓国への観光客数が大幅に増加しているが、中国と台湾の場合はその増加率が特に高いことがわかる。

　一方、韓流の影響は一般商品の対外輸出増加にもつながったと言われている。2004年に韓国貿易公社の貿易研究所が韓流現象の起きた地域と貿易を行っている韓国企業99社を対象に実施した質問紙調査では、韓流現象が商品の輸出に直接・間接的に影響したことがわかった。図表1−6はその結果

図表1-5　日本から韓国への観光客数の推移（1995年～2006年）

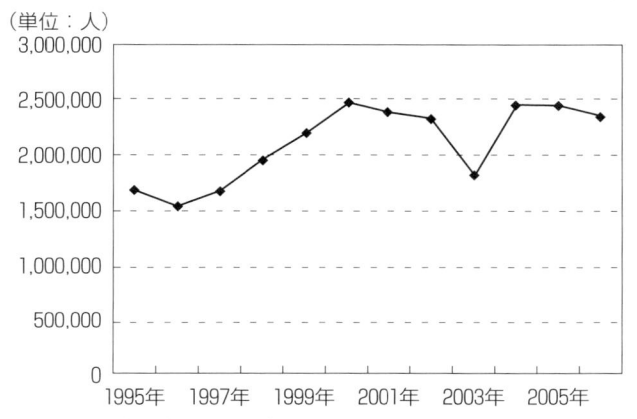

(単位：人)

出所：韓国観光公社ホームページ

図表1-6　韓流と営業・輸出活動との関係に関する回答結果

区分	回答数（回答率%）
直接的に相当役に立った（輸出が急激に増加）	5 (5.0)
直接的に若干役に立った（輸出が緩やかに増加）	5 (5.0)
韓国のイメージ上昇などで間接的に役に立った	66 (66.6)
全然役に立たなかった	23 (23.2)
合計	99 (100.0)

出所：韓国貿易公社（2004）　※四捨五入の関係で合計は正確には100％にならない。

をまとめたものである。それによると、韓流現象が直接的に輸出に影響した割合とマーケティングなどで間接的に影響した割合の合計が76.6％にも達している。

また、日本を除いた他アジア諸国では韓流現象に熱狂している多くのファンが20代の若い層に集中していることから、韓流スターをイメージキャラクターにしたマーケティングの効果も高く現れた。国内企業が韓流スターをマーケティングに利用した例は、2000年、サムスン電子が中国でヒットしたドラマ『星に願いを』の主人公だった俳優をモニターの広告モデルに起用して、販売台数を前年の1999年の43万台から2000年には107万台と100％

以上伸ばすことができたことが挙げられている。また、ドラマ『モデル』の主人公だった女優を韓国のLG化粧品（DeBon）モデルに起用したベトナムでは、韓国化粧品のDeBonがランコム、資生堂を抜いてベトナム市場で販売額1位を記録した。一方、グローバル企業も韓流現象をマーケティングに利用した。『冬のソナタ』のチェ・ジウは2005年から「クリスチャン・ディオール」の最初のアジアモデルに抜擢され、『猟奇的な彼女』で人気を得たチョン・ジヒョンは中国・香港・マレーシアにおけるカメラメーカー「オリンパス」のモデルを務めた。また、KFCは2004年から台湾市場で「石釜キムチバーガー」を販売する際、ドラマ『宮廷女官チャングムの誓い』をパロディ化したCMを制作した（ゴ・ジョンミン、2005）。

このように韓流現象の他産業への影響力に関しては、韓国内部で活発な研究が行われてきた。2011年に韓国文化観光研究院で刊行された報告書によると、韓流現象が韓国企業の海外進出に大きく貢献していることが、いくつかの企業の海外輸出担当者へのインタビューによって、より明確になっている。報告書では、ファッション産業の場合、韓流スターをモデルに起用するとその効果が大きく現れ、特にアジア地域でその傾向が強いと指摘している。美容産業の場合、アジア市場における美容院の進出、ビューティーサロンチェーン店の拡大、美容学校の設立および運営、美容用品の輸出、化粧品の輸出など、産業の範囲が広がっていることがわかった。これらは韓流スターをモデルに起用し、企業認知度を高めたことが効果として現れている。また、医療サービスも韓流現象の影響を受けた産業の一つとして挙げられている。韓流現象による韓流スターの外見に対する憧れが、整形手術の需要として現れている（チェ・ジョン、2011）。2011年に韓国観光公社が刊行した「韓国医療観光総覧」によると、2009年には78,261人だった外国人患者の数が2011年にはその倍に近い143,000人にまで上っており、韓流現象が医療サービスに与えた影響がどれほどのものかがうかがえる（韓国観光公社、2011）。大衆文化の人気の呼び名であった韓流現象は様々な分野へと広がり、大衆文化産業以外でも巨大な経済効果を生んでいる。

1) *New York Times* や *Chicago Tribune* などの日刊紙には 2005 年頃から、*TIME* などの雑誌でも 2002 年頃から広く取り上げられはじめた。
2) 2003 年に一時的に観光客数が減少したのは SARS の影響であると推測される。

第2章　各国の韓流現象とその傾向

1　各国の韓流現象

(1) 中国

　中国で韓流現象が起きたのは、1997年にドラマ『愛とは』がCCTVで放映され人気を得たのがきっかけである。このドラマは1997年6月15日から12月14日まで、毎週日曜日9時から10時の間にCCTVチャンネル1で放映され、平均視聴率4.2%を記録した。その反響で1998年には火曜日から土曜日の夜9時から10時に再放送、1999年の7月からは再々放送が行われたことからもこのドラマの人気ぶりがうかがえる（ジョン・スンウン、2002）。1本のドラマから始まった中国における韓流現象はその後K-POPと呼ばれる韓国大衆音楽の人気へと発展し、ドラマの中の女優のファッション、ライフスタイルまで中国の女性の支持を得るようになる。図表2-1は中国に対する韓国テレビ番組輸出額の変動を現したものである。この表によると輸出額は持続的に伸びている。

　しかし、韓国某放送局の輸出担当者によると、韓国ドラマが中国国内放送市場に与える影響は大きいものの最近は中国政府から輸入の許可がなかなか下りないため、輸出の勢いは少し停滞しているという。

　国内産業の保護を目的とした中国政府の規制にもかかわらず、韓流が中国社会に多大な影響を与えたことは事実であろう。このように中国で韓国の大衆文化が歓迎された理由に関して、韓国の論者たちは次のように様々な意見を述べている。

　まず、韓国が経済的には中国と西欧先進諸国の間にいながらも文化的には近似性を持っているため、韓国の大衆文化が必然的に西欧の大衆文化を中国に伝える役割をし、その過程で韓流現象が発生したということである。また、多民族国家である中国は、長い間様々な民族が一つの国家の中で共存してき

図表2-1　中国に対する韓国テレビ番組の輸出額変動

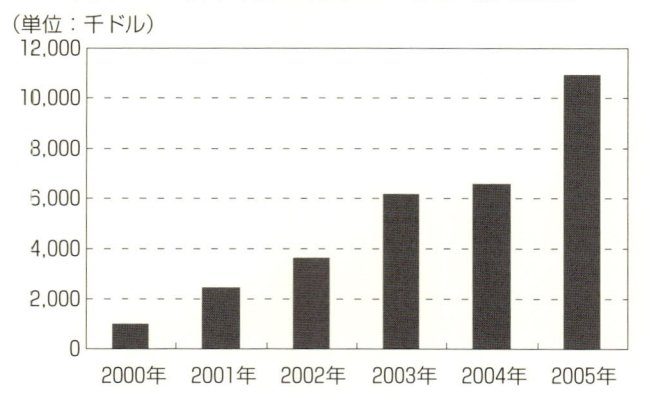

(単位：千ドル)

出所：2000年〜2005年のデータは大韓商工会議所（2005）、2006年のデータはユン（2006）を参照して作成

たため、違う文化を受容する時に比較的開放的な態度を持っていることから、他国家や民族の大衆文化商品に対する拒否感も少ないのではないかという意見もある。そして、中国に居住している約200万人の朝鮮族と韓国人、また彼らに感情的に親密感を感じているその他の中国人などが、中国社会全体に対して韓国大衆文化の広報的な役割を果たしたという意見もある。また、中国と韓国が同じ儒教文化圏に属しているため文化的近似性が働いて、中国人が韓国の大衆文化に親密感を覚えたのではないかという意見もある。一方、中国が市場を開放する過程で外国の大衆文化を受容する方法に変化があったことも、韓国大衆文化が中国で流行した理由の一つとして指摘されている。開放以前には存在していなかった非合法的な市場が誕生したことや、外国商品を幅広く受容できる環境が中国国内に整ったことがその変化だと言われている（ハン・ホンソク、2004：128-132）。最近は、中国が市場を開放している段階で、アメリカや日本の大衆文化を受け入れるよりは韓国の大衆文化を受け入れることの方が危険が少ないと判断した、という意見もある。韓国社会に流れている反米の意識などは中国が置かれている立場と共通したところもあるため、現時点で社会主義を標榜している中国としては、韓国の文化的イメージを受容することで資本主義的経済文化を段階的に受容していこうと

しているのではないかという意見がそれにあたる[1]。

（2）ベトナム

　韓国とベトナムは1992年に国交を結んで以来、ベトナムの文化公演団が韓国を訪問したことがきっかけで文化交流が始まった。ベトナムにおける韓流現象は1997年以降にドラマの人気から火がついた。最初は韓国政府が友好的な文化交流の一環として一部の番組を提供し、ベトナムの視聴者が好意的な反応を示したことをきっかけに、現地の韓国企業がマーケティングも兼ねて番組を積極的に支援するようになった（ユン・ゼシク、2004a：71）。特にベトナムで人気を得たドラマ『ドクターズ』のチャン・ドンゴンや『モデル』のキム・ナムジュを韓国商品のマーケティングに起用したことは、現地で韓国企業が基盤を固める重要な役割を果たしたと言われている。チャン・ドンゴンは「ベトナムの国民俳優」と呼ばれるほどの爆発的な人気を得たと言われており、キム・ナムジュの場合には、彼女を真似た化粧法やファッション、アクセサリーが流行するなどの社会現象を起こした（キム・ジョンス、2002：5）。現在はドラマだけでなく映画・大衆音楽にまで人気が広がっている。

　ベトナムで韓国の文化商品が人気を得た背景としては、両国が様々な共通項を持っていたことが挙げられる。政治・経済的には、中国の周辺国としての経験、外国との長い闘争、植民地時代の記憶や理念的葛藤による民族の分断の歴史、急激な高度成長による社会変動など、韓国社会と共通した歴史を経験している。また、文化的には、仏教と儒教という伝統的価値、伝統的な家族主義なども両国の共通点である（ユン・ゼシク、2004a：72）。このような共通点は韓国の文化商品に現れる価値観にベトナムの視聴者が共感できる可能性を高くしたのである。

　2003年にハノイに所在する全国放送VTVで放映された韓国の番組は、全体放送番組のおよそ15％で、輸入番組の約1／3程度を占めていることがわかった。ベトナムでは費用と技術的問題のため、韓国ドラマを韓国から直接輸入するより、中国から輸入してアフレコ作業を経て放映するケースが多い（ユン・ゼシク、2007b：75）。そのため、ベトナムに対する番組輸出額が他国

に比べると決して高いとは言えないが、毎年増加の傾向を示している。

韓国の代表的な物流企業であるCJは2011年、ベトナム一の有線放送事業者SCTVとの共同でホームショッピングチャンネル「SCJ」を設立、韓国ドラマに登場する高価な家電商品を売り出し、順調な滑り出しを見せている。また、CJは韓国でも人気のベーカリーチェーンをベトナムに導入し、カフェ風ベーカリーを流行させた（韓国経済マガジン、2012：6.6）。ベトナムにおける韓流現象は医療産業、ホームショッピング産業、飲食産業など多様な分野に広がっている。

(3) 台湾

台湾に韓国の番組が輸出されはじめたのは1983年とされているが、当時は字幕をつけて放送していたため、番組に対する視聴者の共感を得られなかったとされている。その後1995年から本格的に編成されはじめ、人気に火が点いたのは2000年頃になってからである（ジョン・ユンキョン、2003：52）。まず、1999年からK-POPが人気を集めはじめて、2001年ドラマ『秋の童話』の放映以降、韓流現象は本格化した。台湾で人気を得た主なドラマは『イヴのすべて』、『ホテリアー』、『秋の童話』、そして『宮廷女官チャングムの誓い』などがある。

韓国大衆文化のマニアを称する「哈韓族」という新造語が登場するなど韓流現象の影響力は大きかった。2003年以降韓国ドラマの人気は冷めはじめたと言われたが、2004年『宮廷女官チャングムの誓い』放映後に韓流現象が復活した（ゴ・ジョンミン、2005：11）。図表2-2の台湾への番組輸出額の変動からもその様子がうかがえる。

しかし、2004年『宮廷女官チャングムの誓い』の人気と共に「反韓流」の動きと自国のドラマを保護すべきという意見も現れ、台湾政府が放送時間および輸入本数を制限しようとする動きを見せはじめた。また、メディアによる韓国に対する否定的な報道が続いたり、一部の団体が反韓運動を繰り広げるなどの動きも現れはじめた。

一方、台湾ではドラマだけでなく、K-POPも流行した。「クローン」という韓国グループのアルバムは韓国語の歌にもかかわらず45万枚の販売数

図表2-2　台湾に対する韓国テレビ番組の輸出額変動

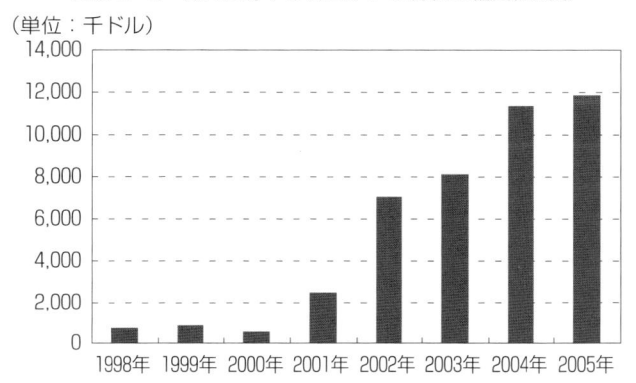

（単位：千ドル）

出所：1998年～2000年のデータはパク・ソラ（2004）215頁から再引用、2001年～2004年のデータは文化観光部（2004）、2005年のデータは放送委員会（2006a）を参照して作成

を記録し、2000年に行われた総統の選挙の時には政権交代を試みていた当時陳水扁（チェン・ショイピエン）候補の陣営が彼らの歌をキャンペーン・ソングに起用した事例からも「クローン」が台湾の若者にどれほどの人気を得ていたかがうかがえる（キム・ジョンス、2002：4）。

　台湾における韓流現象の文化・経済的効果も大きい。観光産業においては、1992年に韓国と中国の国交正常化と共に断絶されていた台湾と韓国間の両国航空会社の航空路線が2004年に復活したことも手伝って、観光客が増加した（図表2-3参照）。

　また、ドラマ『宮廷女官チャングムの誓い』の人気で韓国伝統料理や伝統衣装などの韓国文化に対する関心が高まると同時に、ドラマの背景として登場した韓国のマンションのインテリアやダイニング家具などの需要も高まり、韓国産キッチン用品への購買も増加した（ゴ・ジョンミン、2005：11、23）。

　現在は、K-POPは「スーパージュニア」「少女時代」などを中心に大きな人気を得ているものの、放送番組に関しては自国ドラマ産業を保護しようとする声が大きくなり、2011年に放映された韓国ドラマ本数は2010年に比べると半分位に減っているなど、嫌韓流の動きが他国に比べて大きく現れている。

図表2-3　台湾から韓国への観光客の増減率変動（1996年〜2006）
（単位：%）

年度	1996年	1997年	1998年	1999年	2000年
増減率	▼11.9	▼9.2	△4.5	△1.5	△15.0
年度	2001年	2002年	2003年	2004年	2005年
増減率	△1.8	△5.8	△42.1	△56.7	△15.7

出所：韓国観光公社ホームページのデータを参照して作成

(4) 日本

　2003年 NHK で『冬のソナタ』が放送され人気を得ると共に、日本でも「韓流」という用語が登場するようになった。『冬のソナタ』はまず2003年に NHK-BS で放送された後、2004年秋に NHK 総合でも放送された。ビデオリサーチの視聴率調査では当時のドラマ部門高視聴率番組に連続してランクインするなど、かなりの反響を呼んだ。『冬のソナタ』をきっかけに日本に対する韓国番組の輸出は増加の傾向にある。図表2-4は韓国から日本に輸出されたテレビ番組の輸出額変動を表したものである。2003年以降から韓国番組の輸出は大幅に増加した。

　図表からもわかるように、日本における韓流現象の特徴は大衆文化の流行がそのまま経済効果として反映されたことである。1997年以降から長期間にわたり韓流現象が続いた中国においては、2005年の韓国番組の輸出額は1,000ドルを少し超える程度であったことに比べ、日本に対する韓国番組の輸出額は2004年にはすでに3,600万ドルを超えていた。

　韓流現象が起きた他国と同様に、日本の場合も大衆文化商品の流行が観光産業、飲食産業、出版産業、語学研修など様々な分野に及んでいる。韓国でドラマロケ地をめぐるツアーが組まれ日本の中年女性たちが殺到したことをはじめ、韓国料理の人気や、韓国語を学んで字幕のない番組を見るために30代以上の女性の間で韓国語学習ブームも起きた。その人気ぶりは金融界にも影響し、例えば、りそな銀行は「韓流ファンド」という韓国株への投資商品を売り出すなど、韓国関連の商品開発が様々な分野に及んだ。また、日本で韓流現象が起きた2003年末から2004年にかけては各種週刊誌や情報誌

図表2-4　日本に対する韓国テレビ番組の輸出額変動

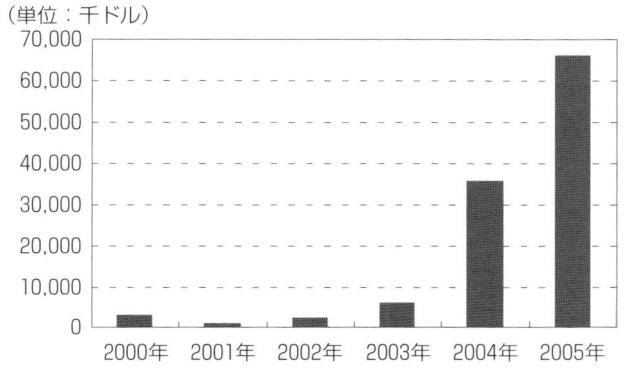

(単位：千ドル)

出所：2000年～2005年のデータは大韓商工会議所（2005）、2006年のデータはユン（2006）を参照して作成

で毎号韓流特集が組まれるなど、メディアにおける格好のネタとして用いられた。

　『冬のソナタ』が起こした経済効果に関しては、各調査で測定した基準によって規模が違うため、どれが正しいとは断言できないが、その経済効果が計られるほどの重要な社会現象であったことには違いない。第一生命経済研究所は、2004年の時点で『冬のソナタ』の経済効果が韓国では約1,072億円、日本では約1,225億円であると発表した（門倉、2005）。また、2004年に韓国の現代経済研究院が発表した報告書によると、「ヨン様」経済効果は両国合わせて3兆ウォン（韓国1兆ウォン、日本2兆ウォン）と推定した。まず、飲食料事業ではヨン様効果による韓国食品の人気が上昇したため、「DOOSAN」ブランドの日本に対する焼酎の輸出量は前年に比べ22%増加、キムチ業者の輸出量も前年対比10%～20%増加した。観光産業においては、2004年10月までの日本との旅行収支が前年対比11.3%増加したことをはじめ、追加的な観光収入が約8,400億ウォン、国の広報効果も330億ウォンに至るとしている。また、コンテンツ部門では、ペ・ヨンジュンのブロマイドが200億ウォン、『冬のソナタ』の主題歌のアルバムが1,000億ウォン、ペ・ヨンジュンのカレンダーが100億ウォンに至るなど合わせて1,300億ウォンを日本へ輸出したとし、このデータは自動車13,101台を輸出した時の

値段とほぼ同じであると推定している（イ・ブヒョン、2004）。また、『冬のソナタ』以降人気を得た『宮廷女官チャングムの誓い』は、韓国伝統料理や伝統衣服などを通じた民間の文化交流行事を増やす結果をも呼んだ。

　一方、2000年代後半以降、K-POPが人気を得はじめたことを指して「新韓流」という用語も登場した。それまでの韓流現象がドラマや映画など映像コンテンツとそれに登場した俳優や女優に焦点が合わせられ、そのファン層が30代以上の女性に限定されていたこととは違って、新韓流現象はアイドルグループが人気の中心におり、ファン層も10代と20代の若年層に広がったのが特徴である。新韓流現象もその前の韓流現象と同じく、東南アジア地域で先に起きてアジア地域では最後に日本へ回ってきた。

　日本で発生した韓流現象は、これまでの情報の国際流通に関する研究の流れの中でも特に意義深い事例と言える。韓流現象の発生により、韓国は映像コンテンツの輸出が輸入を超える、いわば送り手国へと変貌した。しかし、日本で韓流現象が発生する前までは、主に東南アジアなどの市場規模が小さく自国の映像コンテンツ市場が発展途上にある国々、もしくは中国のように番組の流通において市場での競争だけでなく外の要因も大きく絡んでいる社会主義国家、もしくは台湾のような経済規模が韓国とあまり変わらない国で韓流現象が起きていた。しかし、日本は、かつて韓国を植民地統治をしていた歴史はともかく、経済規模や人口が韓国と比較して巨大である。何より、すでに世界で認められているコンテンツ大国で、放送・映画産業の成熟度はかなり高い。経済学の立場でデータを用いてメディア商品の国家間流通の現状を明らかにした多くの研究でも、文化商品の流通は人口や経済力の規模に比例した形で規模が大きい国から小さい国へ流れるとされている（伊藤、2005、2007：ユ・セギョン＆イ・ギョンスク、2001）。日本で韓流現象が発生した当時はこれらの制約を超え、文化商品流通の新たな流れを提示したのである。

(5) 北米とヨーロッパ

　アメリカでその存在感を少しずつ拡大している韓国のコンテンツは、アジア地域とは違って音楽の分野に限定される傾向がある。アイドルグループ「少女時代」は2012年にCBS、ABC、NBCの地上波放送とフランスの有料

TVチャンネルの「CANAL＋」へ出演するなどアメリカとフランス進出を果たした。最近は歌手「サイ（PSY）」が発表した『Gangnam Style』のミュージックビデオがYouTubeで話題を呼び、アメリカのiTunes MVチャートで1位を記録し、2012年9月にはビルボードチャートで2位を記録するなど欧米でも人気を集めはじめている。最近は新しい単語や人気のある単語を選ぶ「TimeNewsFeed（9月12日）」に今週の単語として『Gangnam Style』が選ばれた。テレビでもCNNやNBCに出演し、最近は世界的スーパースターたちが活動するレコード会社Island Defjam Recordingsと契約、今後アメリカ内でK-POPの認知度は高まる可能性がある（韓国文化産業交流財団HP）。また、世界的な音楽チャート会社の米ビルボードが、K-POPチャート（http://www.billboard.com/#/charts/k-pop-hot-100）を2011年に新設したのも、アメリカにおけるK-POPの存在感を表わす出来事である。現在の段階で韓流現象はまだ熱狂的なマニア層によってその人気が支えられている程度であり、アジア地域における韓流現象のような人気を得ているとは言いがたい。特に映像コンテンツにおいてはあまり知られていないのが現状である。しかし、韓国のエンターテインメントグループ「CJエンターテインメント」は、このように始まったばかりの北米における韓流現象を拡大するため、アメリカにおける放送事業に本格的に乗り出し、アメリカに居住している「アジアンアメリカン」をターゲットにし、2010年にはアメリカのケーブルテレビチャンネルである「iaTV」を買収し、アメリカ内に分散していた自社グループ系列社を統合するなど動きが活発になっている（MKニュース、2012.5.21）。

　一方、アメリカにおける韓流現象の中には韓国系アメリカ人、その他アジア系アメリカ人やアジア地域からの留学生によって支えられる部分も相当な規模を占めている。例えば、ハワイやLAを中心としたアジアの人々が多く集まって暮らしている地域では、そのコミュニティの中で韓国のドラマや音楽が流行する傾向がある。この場合には上記で説明した音楽ジャンルに限定された韓流現象とは異なった傾向を見せている。例えば、ハワイの場合、韓国語放送KBFD-TVというチャンネルがある。ハワイに滞在する少数民族の中で唯一地上波放送チャンネルを持っているのは韓国系だけである。80

年代半ばに設立されたこの放送局は、ハワイにおけるアジア系移民たちのコミュニティの中で韓流現象を起こす重要な役割を果たしてきた。現在も1日に2～3本の英語字幕つきの韓国ドラマが放送されており、多くの現地の人々もそれを視聴しているという。2006年、ハワイ州のビッグアイランドで起きた地震によって停電が起きた際、次の日ハワイの有力な新聞 *Honolulu Advertiser* が停電を皮肉って出した論評では、ある若い主婦がこのように不満を漏らしたとしている。"Darn, I'm missing my Korean soaps today!"（MKニュース、2007. 2. 1）。ハワイにおける韓流現象がどれほどのものだったかを象徴する出来事である。2010年にはハワイ内で起きた韓流現象を風刺するような独立コメディ映画『AJUMMA（韓国語で「おばさん」という意味）! Are you Krazy???』も公開されたほどである（スターニュース、2010. 4. 30）。最近ではハワイの有名リゾートホテルに韓国化粧品ブランドが進出したことでも話題になっている。このように、ハワイやLAを中心としたアジアの人々が多く集まっている地域における韓流現象は、アジア地域で起きた韓流現象にその傾向が似通っている部分が多く見られる。

　一方、ヨーロッパでも韓国の大衆文化に対する認知度が、特に大衆音楽のジャンルを中心に高まっている動きが見える。それを象徴する出来事は、2011年にイギリスのオクスフォード辞典に「K-POP」が新しい単語として登録されることになったことが挙げられる。これは韓国の大衆音楽ジャンルを辞書で定義せざるを得ない状況がそこにあることを意味する。イギリスにおける韓国大衆文化の人気を象徴する出来事は以下のようにまとめることができる。2011年には *London Evening Standard* 新聞の1面にアイドルグループ「少女時代」が載るなど話題を呼んだことをはじめ、2012年にはアメリカと同様「サイ（PSY）」の人気が爆発的だった。8月にはイギリスのiTunes シングルチャートで1位を記録し、BBCの音楽チャートでも1位を記録した。イギリスでも韓国の映像コンテンツに関してはあまり知られていないが、K-POPにおいては認知度が高まりつつあるのが現状である。フランスもイギリスと同じく2011年から韓国のアイドルグループの進出が目立つようになり、これから認知度と人気を高めていくと予想される。その他、東ヨーロッパ地域でもK-POPはマニア層を中心に人気を得ているが、韓国の放送通信

委員会が中心になってテレビドラマ販売のショーケースを開催するなど、映像コンテンツの普及にも力を入れている様子がうかがえる。特にチェコではプラハに居住しているベトナム人たちが1カ月に一度ほど集まり、K-POPを楽しむ会を開催しているということから、アジア人コミュニティを中心に韓国の大衆文化が広がる傾向があると言える。このような動きは東ヨーロッパにも拡大しつつあるものの、まだマニア層を中心とした人気にとどまっている。

(6) 中南米

中南米地域における韓流現象は、国別にその温度差はあるもののドラマの人気が主演俳優の人気へ、そしてドラマ主題歌の人気と韓国語学習ブームにつながるような形で起きている。メキシコでは2002年に放送された韓国ドラマの人気がはじまりであり、中国で人気を集めたドラマ『星に願いを』と『イヴのすべて』が2002年にメキシコの公営放送で深夜や朝の時間帯に放送された。予想外に徐々に視聴率が上がり、放送時間をプライムタイムに移して再放送されるなどの人気ぶりであった。2005年には同ドラマの主演俳優たちのファンクラブ会員数が2,000人を超える勢いであった（チェ・ビョンチョル、2005）。

一方、ブラジルにおいてはK-POPの人気が高いことが特徴である。1990年代にゲームセンターで流行したアーケード音楽ゲームDDR（Dance Dance Revolution）を通じてK-POPが広がっているという。ブラジルシティーのゲームセンター内では多様なジャンルのK-POPが流れており、韓国アイドルのダンスをカバーするダンス大会も頻繁に開催されている。このようなK-POP人気には日本とブラジルの歴史的な友好関係が関わっているという見方もある。日本でK-POPが流行していることが、日本との交流が多いブラジルに影響しているということである（スターニュース、2012.1.31）。

筆者も2011年訪問したコスタリカで、ドラマ『宮廷女官チャングムの誓い』が現地のチャンネルで放送されているのを見て驚いた記憶がある。また現地の人から韓国の化粧品がかなり人気を集めているという話を聞いて、アジア地域で起きた韓国ドラマのブームが他産業にも影響している傾向が現れ

ていることを感じ取った。韓国政府の支援組織も、中南米諸国を潜在的に可能性のある市場と見て、外交公館や国際交流財団などの団体を通じたサポートを始めている。

(7) 中東地域

　これまで韓国と文化の交流が少なかった中東地域でも韓国現象が起きている。韓国の文化体育観光部が提供している「共感コリア」というサイトによると、日本でもなじみのあるドラマ『宮廷女官チャングムの誓い』がイランの国営放送 IRIB を通じて放送された 2007～2008 年当時、86％ という驚異的な視聴率を記録し、ドラマ『朱蒙（チュモン）』はサウジアラビアで視聴率 85％ を、ドラマ『ホジュン―宮廷医官への道』はイラクで視聴率 80％ を記録するほどであった。『ホジュン―宮廷医官への道』の主演俳優が 2012 年 6 月にイラク大統領夫人の招待で国賓訪問した際には、集まった人々で通行が難しいほどの人気ぶりだったと言われている。最初に中東地域で人気を集めた『宮廷女官チャングムの誓い』の成功は他の番組輸出に影響した。2011 年、イスタンブールやドバイなどで韓国の放送通信委員会が開催した「放送コンテンツショーケース」ではドラマとドキュメンタリーが現地の放送局へ販売される実績を上げたのをはじめ、韓国 KBS の国際放送衛星チャンネルである KBS ワールドが 2012 年 6 月からアラブ首長国連邦で放送を開始した。また、K-POP の場合も中東地域で人気を得ており、KOTRA（大韓貿易投資振興公社：Korea Trade、以下 KOTRA）が行った質問紙調査によると、調査に応じたサウジアラビアとイランの人の半分以上が K-POP を聞いたことがあると答えた。特に 1～2 週に 1 回は K-POP を聴くと答えた人の中には 20 代が 40％、10 代が 33％ を占めており、若者を中心に韓国の大衆文化に対する関心が高いことがわかった。また、韓国の外交通商部は 2012 年現在、全世界的にある韓流同好会が 843 グループに至ると発表し、この中でアフリカと中東地域にある同好会は 35 グループで、2 万人が会員として活動していることを明らかにした。K-POP の人気は韓国語学習の人気にもつながり、エジプトのある名門大学には 2005 年に韓国語講座が開設された（共感コリア：2012.8.3）。中東地域における韓流現象はまだ始まったばかり

であるが、元々韓国の家電製品と自動車に対する認知度は高いため、韓国のコンテンツに対する需要もそれと連動して拡大する可能性があると予想されている。

2 韓流現象の傾向

　1997年、中国で初めて韓流現象と呼ばれた韓国大衆文化の流行現象が起きてから今年が16年目になる。最初アジア地域で韓国のドラマが人気を集め始めた時には、その人気が全世界で、しかもこのように長期にわたって継続すると予想できた人は少なかっただろう。アジア地域で限定して起きた一時的な一部大衆文化の流行現象に過ぎないと多くの人々が考えたに違いない。当初は韓国内部でもなぜ韓流現象が起きたのか、それを起こさせた要因は何かを探るための研究が多く見られた。その理由はこれまで文化商品は小数の先進諸国から他の開発途上国に流れていくのが一般的とされており、韓国も例外なく受け手国の範疇に入っていたからである。そのため、韓国にとっても韓流現象が起きた要因を明らかにすることは最大の関心事だった。現在は、世界各地で起きている韓流現象の現状を報告するレポートや、韓流現象を今後も持続的に維持・発展させるための方法に関する研究が増えている。韓流現象の発生要因を明らかにするためにも、また今後の韓流現象の方向性を予測するためにも、韓流現象の経験がある程度蓄積されてきたこの時点で、韓流現象がどのような傾向で流通し拡大してきたのかをまとめてみることが必要である。以下は、上記で説明した世界各地で起きた韓流現象の内容を元にその傾向をまとめたものである。

　第一に、韓流現象の発生場所は時間の流れと共に地理的に近いところから遠いところへと移る傾向がある。すなわち、地理的に近いアジア地域で先に韓国大衆文化が流行し、徐々に韓国から遠い国の方に広がっている。それはすなわち本来文化的に近いとされている国々から文化的に遠いとされていた国々へも韓国のコンテンツが影響力を発揮できるようになってきたとも言える。

　第二に、韓国と地理的・文化的に遠いとされる国々で起きた韓流現象の傾

向は、先にその国に居住しているアジア系住民の間で韓国大衆文化が流行して、その後現地の人々の中にマニア層を作っていく傾向を見せている。

　第三に、韓流現象は流行したコンテンツだけが人気を得るのではなく、その関連商品（主題歌のCD、ブロマイドなど）、派生商品（ドラマのロケ地への観光商品など）、コンテンツとは直接関係のない韓国製の一般商品（化粧品、電子機器、自動車など）の方にその影響力を伸ばしていく傾向がある。また、2011年に刊行された韓流関連の報告書によると、韓流現象は韓国の美容産業、医療産業の事業拡張やその業界の新事業への乗り出しに大きく影響していることが明らかになっている。具体的には美容産業の場合、美容院のチェーン店は韓流ドラマの人気が高かった国へ進出する傾向があり、国内だけに限定されていた美容産業が海外への拡大を果たしている。そして、美容専門学校の設立、美容用品の輸出などの分野まで海外進出の範囲が広がっている。一方、医療産業の場合も整形外科の場合、整形ブームとあいまって外国への分院開設、外国医師の韓国への研修プログラム開設、韓国医師の海外派遣プログラム（手術や現地医師に対する教育のため）などが挙げられる。整形外科以外では、外国人を対象にした医療プログラムと、その患者の付き添いのための観光プログラムを組み合わせるサービスなど新事業への拡大も見られている（チェ・ジヨン、2011）。

　第四に、地域によって流行する韓国大衆文化のジャンルが異なる傾向がある。アジア地域ではドラマや映画など映像コンテンツが先に流行し、その後K-POPと言われる大衆音楽が流行したが、アメリカをはじめとする西欧地域では映像コンテンツよりK-POPのような大衆音楽の方が受け入れられる傾向がある。現在のところ、西欧地域において映像コンテンツの人気はマニア層に限られている。

　第五に、韓国コンテンツの宣伝・拡大へ利用される媒体としてインターネットの影響力が段々大きくなった。特にYouTubeは韓国コンテンツが全世界へ紹介されるチャンネルの一つとして登場し、SNSでつながれたネットワークは韓国コンテンツのファンの間の新たなコミュニケーション手段としての役割を果たしたと見られる（チェ・ジヨン、2011）。最近、全世界で注目されている歌手「サイ（PSY）」の場合、YouTubeでそのミュージックビデ

オが人気を得て全世界に知られたよい事例と言える。

　また、上記では言及しなかったが、韓国内部では韓流現象の経済的な恩恵が主に日本へ集中していることから、コンテンツづくりが最初から日本市場を念頭においている場合が多々ある。その場合、日本語が普通に会話の中に組み込まれたり、撮影ロケも日本で行ったりすることで、日本の文化を韓国コンテンツを通じて韓国に紹介するような場面が多く見られる。これらに対する批判が一部韓国国内で起きているが、過去日本と韓国の間にあった文化商品をめぐる規制やそれと関連した議論の歴史を考えると、かなり興味深い論題である。

　以上、これまで世界で起きている韓流現象の傾向をまとめてみたが、西欧諸国で最近人気を集めはじめている歌手「サイ（PSY）」の事例が物語っているように、韓流現象には「アジア地域以外でも韓国コンテンツが注目される」という新たな潮流が現れはじめている。今後どのように韓流現象が展開されていくのかを追っていくことは、グローバル化された世界で競争力を得る文化商品はどのような特徴を持つのか、どのような人々にアピールされるのか、どのような場面でその広がりが拡大されるのかなど、新たな研究課題の発見につながると考える。

1）　nCOREA という映画専門サイトから引用したが、現在はサイトが閉鎖されている。

第二部　韓国映像コンテンツ産業の成長

第3章　放送産業

1　韓国放送産業の概要

(1) 広告費

　韓国の放送における広告費は、図表3−1が示しているように1970年代から2001年まで増加傾向にあった。特に、テレビ広告費の増加は1970年代を中心に飛躍的だった。1968年には新聞が全体広告費の中で45%を占め、ラジオが18.6%、テレビが13.4%を占めていたものが、1972年からテレビがラジオの広告費を上回るようになり、1975年以降からはテレビが新聞の広告費をも超えるようになった（元佑鉉、1980：10）。

　テレビ広告費がラジオを超えたのは1970年代前半ではあったものの、全体的な流れから見ると本格的に放送広告全体が伸びはじめたのは1980年代からで、著しく拡大したのは1990年代以降である（図表3−1）。1980年代に放送広告費が伸びた理由は、LG電子やサムスン電子のような財閥企業の成長、1986年のアジア競技大会と1988年のオリンピックの開催による飲料業界の活気、レジャー・スポーツ衣類をはじめとするアパレル業界の成長、そして化粧品と自動車産業の好調など、韓国が経済成長を遂げる根源になった産業の成長と、経済成長によって消費パターンが変動したためであると見られる（韓国広告学会、1996：112−113）。

　また、韓国の放送広告市場における大きな特徴としては、「韓国放送広告公社」という特殊法人が設立されたことを挙げることができる。韓国放送広告公社は、1980年に制定された言論基本法に従って、すべての放送局の広告営業を代行する機関として設立された。韓国放送広告公社は、各放送局から受け取る広告料の一部を積み立てて公益資金として活用し、広告・言論・文芸の部門の振興と支援に貢献してきた反面、公社によって放送広告の料金が規制された点と営業が独占された点など、公益資金の運用方法に関しては

29

図表3-1　1970年代における媒体別広告費の推移
(単位：億ウォン)

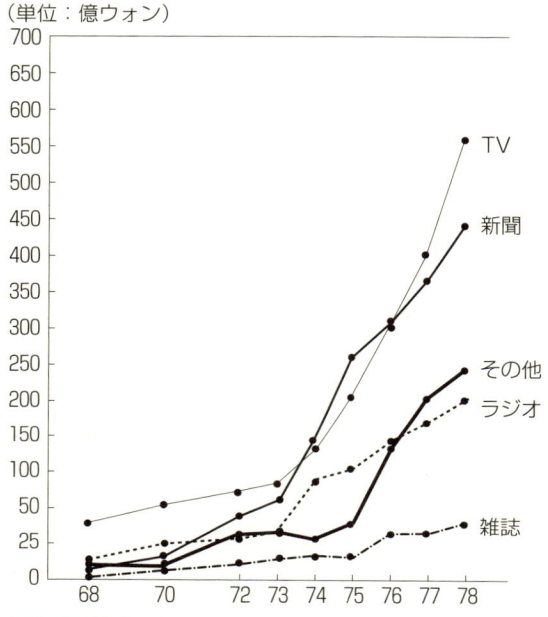

出所：元佑鉉（1980）、11頁

様々な副作用が批判されてきた（韓国広告学会、1996：252-257）。特に問題とされてきたのは、他の広告代理店が存在していない中、韓国放送広告公社が独占的に販売していたため、公社側がいくつかの広告をパッケージ化して販売しても企業側はそれを購入するしかない仕組みが指摘されてきた[1]。

　1997年の韓国における経済危機の時に一時的に減少したことを除いて、放送広告費は2002年までに着実に伸びたものの、2003年から少々減少傾向に入っている。近年における放送広告費の内訳によると、テレビや新聞などそれまで放送広告費の中で最も高い割合を占めていた媒体における広告費が減少傾向にあることがその原因であると言える。新聞の場合、広告費の成長は1996年を頂点に減少傾向にあり、テレビ広告も2002年以降から減少している。ニューメディアとオンライン、ケーブルテレビなど新しく登場した媒体における広告費は増加傾向にあるものの、まだ新聞とテレビの広告費規模に比べると微々たるものであるので、全体的な広告費の規模は縮小している。

図表3-2　放送広告費の変動（1970～2005年）

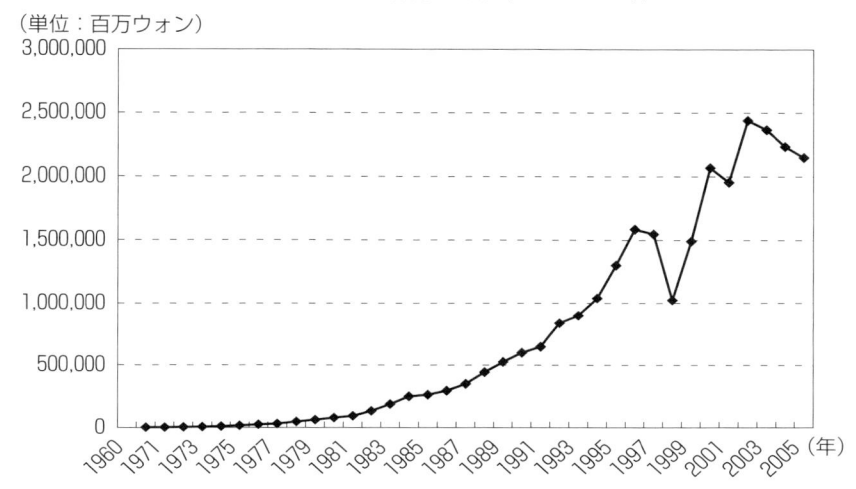

（単位：百万ウォン）

出所：ジョン・スンイル、ジャン・ハンソン（2000）。1979年のデータは第一企画（1980）110頁から引用、1980年～1985年のデータは第一企画（1986）192頁から引用、1986年～1989年のデータは韓国広告学会（1996）218頁から引用、1991年～1994年と1996年のデータは第一企画（1997）、1999年～2002年のデータは広告情報センターホームページ、2003年～2005年のデータは韓国言論財団（2006）を参照して作成

　2011年現在、媒体別の広告費はテレビが28.6％、ケーブルテレビが13.6％、新聞が10.8％、オンラインが12.6％を占めている。これは2004年にテレビが29.83％、ケーブルテレビが5.34％、新聞が23.27％、オンラインが5.24％（図表3-3）だったことを考えると、ケーブルテレビとオンライン広告市場の成長が著しい。

(2) 市場規模

　韓国における放送事業者は地上波放送事業者はKBS（Korean Broadcasting System、以下KBS）、MBC（Munhwa Broadcasting Corporation、以下MBC）と19地域のMBC、EBS（Educational Broadcasting System、以下EBS）およびSBS（Seoul Broadcasting System、以下SBS）を含む10カ所の地域民放事業者など32カ所であり、ラジオ放送は11の事業者がある。またその他の事業者も全部合わせると図表3-4の通り合計495の事業者が存在している

図表 3-3 媒体別広告費の現況（1991〜2004 年）

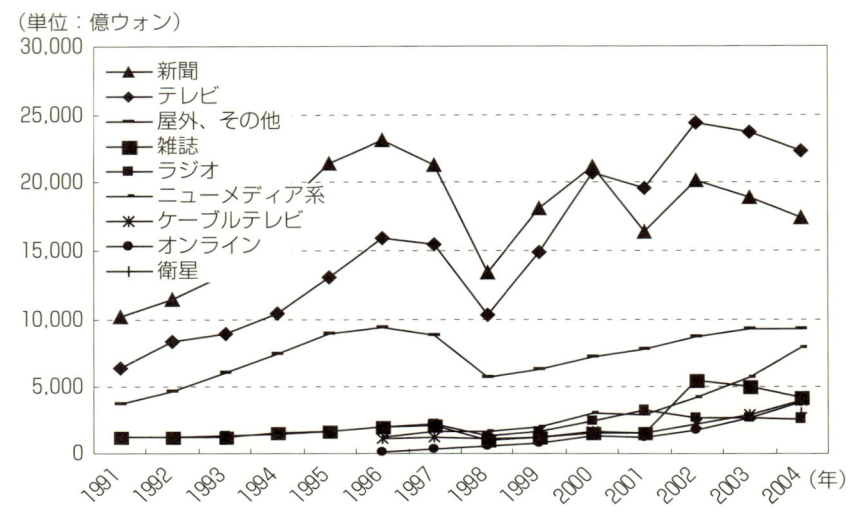

(単位：億ウォン)

凡例：新聞、テレビ、屋外・その他、雑誌、ラジオ、ニューメディア系、ケーブルテレビ、オンライン、衛星

出所：第一企画（1992〜2005）を参照して作成

図表 3-4 放送サービス別事業者数（2006 年現在）

メディア種類	数
地上波（TV）	32
地上波（ラジオ）	11
地上波（DMB）	6
放送チャンネル使用事業	173
総合有線	111
中継有線	160
衛星放送	2
合計	495

出所：放送委員会（2006a）、9 頁

（放送委員会、2006a：9）。

　一方、放送サービス売上額から見た韓国の産業規模は図表 3-5 のように成長している。2002 年には日韓共同ワールドカップ開催という一時的な効

図表3−5　放送産業売上額の推移（1999〜2010年）

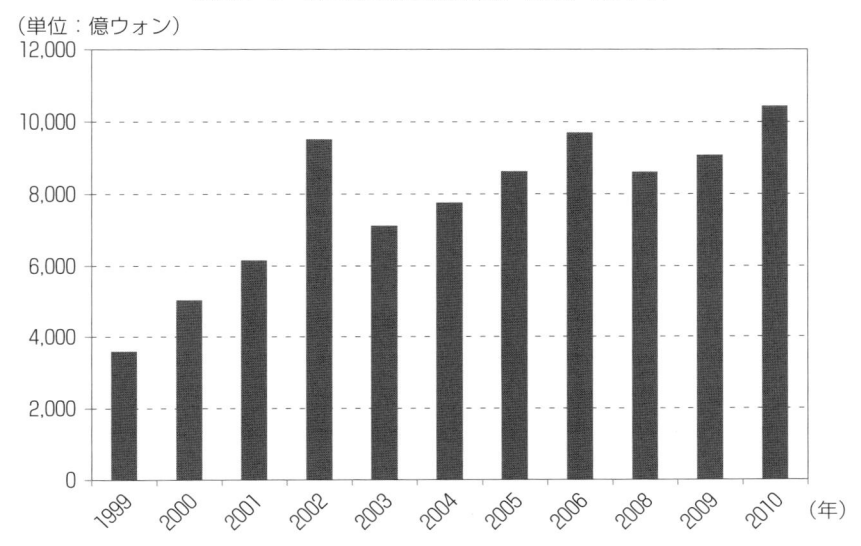

(単位：億ウォン)

＊2007年のデータは入手不可
出所：1999年〜2006年のデータは放送委員会（2007a）を、2008年〜2010年のデータは韓国コンテンツ振興院（2011a）を参照

果により他の年に比べて売上額が高かった。2010年現在、韓国放送産業の市場規模は10兆6,352億ウォンに上っており、前の年に比べて11.1％ほど増加した。

　放送サービス別の売上額は図表3−6と図表3−7のように変動している。地上波放送売上額の割合は、2010年に少し回復はしているものの、2001年以降からずっと減少傾向が続いている。一方、ケーブルテレビ業界の売上額は放送チャンネル事業者と総合有線放送事業者が共に成長を続けている。また、衛星放送の売上額は著しく落ちており、2009年から新たに登場したIPTVは先に市場に進出していた有料放送の衛星放送より売上額が高くなっている。DMB[2]事業（Digital Multimedia Broadcasting）の場合には、2005年に「移動視聴権の確保」という政策の目標の下で政府の積極的な推進により、サービスが開始された。しかし、スマートフォンの普及に伴い、様々な映像サービスが移動中にも楽しめるようになり、衛星DMBサービスは2012年にサー

第3章　放送産業　33

図表 3-6 放送サービス別売上額の変動（1997～2005 年）

（単位：億ウォン）

年度	地上波（TV）	地上波（ラジオ）	総合有線	中継有線	放送チャンネル事業者	衛星放送
1997 年	21,551	2,517	1,596	2,383	2,120	—
1998 年	16,113	1,558	1,996	2,654	1,954	—
1999 年	21,172	1,936	2,360	2,646	1,912	—
2000 年	27,665	2,794	3,620	2,513	2,680	—
2001 年	25,414	2,725	5,336	1,853	4,519	—
2002 年	32,612	3,598	7,887	1,077	49,268	636
2003 年	31,908	3,574	10,750	615	23,023	1,496
2004 年	31,841	3,607	13,479	366	25,884	2,550
2005 年	31,763	3,663	15,818	156	31,265	3,689

＊1997 年～2000 年の「放送チャンネル事業」データには番組使用料収入が含まれている。2001 年～2005 年の「放送チャンネル事業」データに番組使用料収入が含まれているかどうかは不明
出所：1997 年～2000 年はジョン・インスク（1999）、2001 年は放送委員会（2002）を、2002 年は放送委員会（2003）を、2003 年～2005 年は放送委員会（2006a）を参照して作成

図表 3-7 放送サービス別売上額の変動（2008～2010 年）

（単位：億ウォン）

	地上波放送	ケーブルテレビ		衛星放送	DMB		IPTV
		有線放送	放送チャンネル事業者		地上波DMB	衛星DMB	
2008 年	33,970	16,912	30,537	3,498	159	1,193	—
2009 年	32,563	18,168	33,003	3,503	110	1,334	2,204
2010 年	36,496	19,377	39,601	3,515	145	1,213	4,043

出所：韓国コンテンツ振興院（2011a）、79 頁

ビスが終了した。

　これまで、韓国は地上波放送局の売上額が放送産業全体で多くの部分を占めてきた。言い換えれば、韓国は地上波放送局を中心に放送産業が発展してきた状態が長期間続いてきた。しかし、多チャンネル化に伴い、その傾向が崩れはじめ、メディアの多様化と新たに登場したメディアの成長が近年著し

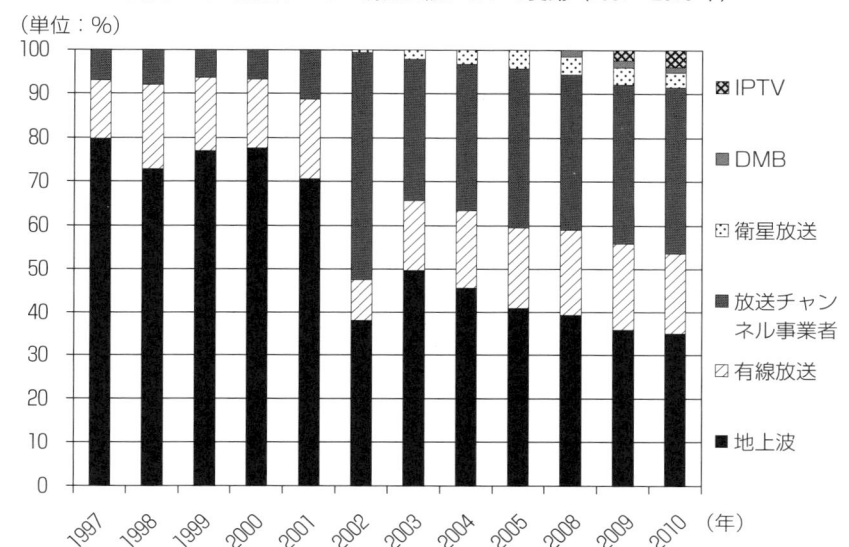

図表3−8　放送サービス別売上額シェアの変動（1997〜2010年）

* 1997年〜2000年の「放送チャンネル事業」データには番組使用料収入が含まれている。2001年〜2005年の「放送チャンネル事業」データに番組使用料収入が含まれているかは不明。2006年〜2007年のデータは入手困難のため不掲載
出所：1997年〜2000年はジョン・インスク（1999）、2001年は放送委員会（2002）を、2002年は放送委員会（2003）を、2003年〜2005年は放送委員会（2006a）を参照に作成。2008年〜2010年のデータは韓国コンテンツ振興院（2011a）を参照して作成

くなっている（図表3−8参照）。

(3) インターネットを通じた番組の流通

　韓国の各地上波放送局は、インターネットを通じて番組の再送信サービスを行っている。地上波放送局がインターネット放送市場に最初に参入したのは、1999年である。民間放送であるSBSが「SBSインターネット」という名称でインターネット放送局を設立、それに続いて2000年3月には公営放送のMBCがiMBCという名称で、2000年4月には公共放送のKBSが韓国通信と共同出資で「クレジオ」を設立した。

　コンテンツの有料化を最初に試みた放送局もSBSiで、2001年9月にニュースとスポーツ、公的番組を除いたすべての放送番組を有料化し、同年

第3章　放送産業　35

10月にすべての番組に利用料を課した。教育放送のEBSも同年9月から外国語講座等一部のVOD（Video on Demand）とAOD（Audio on Demand）サービスを有料化した。続いて、2003年4月、MBCも有料化に転換し、KBSは2002年8月から自社が委託管理しているコンテンツ流通サイトのコンピアドットコムを通じて間接的に有料化に踏み切った（ウン・ヘジョン、2003）。2004年には、SBSiは1,430万人の会員と279万人の有料会員を、KBSiは67万人の有料会員を、iMBCは1,270万人の無料会員を抱えていた[3]。1990年代後半から放送局が直接番組のインターネット配信サービスを開始することができたのは、テレビ番組の著作権を放送局が持っていたことと、韓国でブロードバンドが早期に普及したことがその背景にある。放送局が番組のインターネットサービスを始めた当初は、そこから流出された番組の映像の違法流通も多く見られたが、現在は有料サービスがユーザーの間で定着している。

　現在は、放送局が行うインターネット放送だけでなく、様々な事業者がインターネットを通じた放送事業に乗り出している。特に最近注目を集めている媒体はIPTVである。2009年から通信事業者3社によって商用サービスが開始され、サービス開始4年で500万人ほどの加入者を確保している。IPTVが提供している番組サービスの中で最も人気があるのは地上波放送番組である。例えば、大手KT（Korean Telecom）が提供するIPTVサービスのOlleh TVの場合、一部地上波放送のリアルタイム再送信はもちろん、日本の各放送局が提供しているオンデマンドサービスにあたる地上波放送番組のVODサービスも提供されており、安価で多様な放送番組のサービスを受けることができる。IPTV事業者たちは、放送番組再送信の対価を放送局に払っている。新しく制作される番組に関しても制作関係者たちとの契約の段階で対価を先払いする形で、ネット流通における著作権処理問題を解決しているため、新しく登場するメディアへのサービス需要に迅速に対応できる反面、放送局による著作権の独占と番組制作費の上昇が問題点として指摘されている。

2　インフラの整備

(1) テレビ受信機の普及

　テレビ放送産業が成長するためにはテレビ受信機の普及が基本的な前提と言える。放送局のプロデューサー出身で長くテレビ放送事業に従事してきた李範璟によると、初めてのテレビ放送局の設立と受信機導入とは深い関係があったという。1950年代にアメリカ RCA 社の韓国代理店を経営していたファン・テヨンは政府の放送拡大の計画に従って RCA からテレビ受信機 200 台などを購買することを決めた。その際、RCA 側からテレビ受信機購入によるコミッションとして放送機材を受け取ったファンはそれを元に直接テレビ放送をすることを求め、RCA との合弁で最初のテレビ局である「韓国 RCA 配給会社（Korea RCA Distributor：KORCAD）」を設立した。実際に彼らは RCA 韓国支社のような役割を担って、RCA 製の放送受信機と機材の韓国への流入だけでなく、アメリカ方式の放送編成や放送制度の導入を招いたのである（李範璟、1998：290）。しかし、全面的にアメリカのテレビ受信機輸入に依存していた当時はテレビ受信機に対して 200％ 近い関税を賦課していたため受信機普及の進行が遅かった。また、KORCAD の経営は、受信機普及の遅れからテレビに広告メディアとしての機能が見込まれなかったため、1957年に経営破綻し「韓国日報」に運営権を渡した。1950年代のテレビ受信機普及状況は、1957年12月には全国に 3,000 台、1958年5月には 3,500 台、1958年10月には 7,000 台にしか至っていなかったという（李範璟、1998：298）。

　テレビ受信機普及は、韓国内で組み立てが可能になった 1966 年以降から拡大し、1969 年に「電子工業育成法」が制定されてから本格的に受信機製造産業の成長が始まり、1970 年代から急速に拡大した（ジョ・ハンゼ、2003：152）。1960 年代に入ってからのテレビ受信機の普及は図表 3－9 と図表 3－10 からもわかるように、1966 年から 1978 年の間の普及率の増加が目立っている。1976 年にはテレビ受信機普及率がソウルでは 66.2％、全国では 37.5％ を記録するなど、大衆的な媒体としての成長が見られはじめた（韓国放送公社、1977）。このことから、当時の韓国はアメリカの影響下でテ

図表 3−9　テレビ受信機登録台数（1962〜2005 年）　（単位：台／％）

年度	テレビ受信機台数（台）	前年対比増減率（％）
1962 年	30,000	—
1963 年	34,774	15.9
1964 年	32,402	−6.8
1965 年	31,701	−2.2
1966 年	43,684	37.8
1967 年	73,224	67.6
1968 年	118,262	61.5
1969 年	223,695	89.2
1970 年	379,564	69.7
1971 年	616,392	62.4
1972 年	905,363	46.9
1973 年	1,282,122	41.6
1974 年	1,618,617	26.2
1975 年	2,061,072	27.3
1976 年	2,809,131	36.3
1977 年	3,804,535	35.4
1978 年	5,135,496	35.0
1979 年	5,967,952	16.2
1980 年	6,267,854	5.0
1981 年	6,929,347	10.6
1982 年	7,119,252	2.7
1983 年	7,784,214	9.3
1984 年	7,677,104	−1.4
1985 年	4,773,993	−37.8
1986 年	4,925,413	3.2
1987 年	5,390,075	9.4
1988 年	6,019,131	11.7
1989 年	6,384,984	6.1
1990 年	7,438,423	16.5
1991 年	8,344,420	12.2
1992 年	9,181,053	10.0
1993 年	10,696,426	16.5
1994 年	14,408,012	34.7
1995 年	14,516,686	0.8
1996 年	15,258,386	5.1
1997 年	15,746,180	3.2
1998 年	16,421,422	4.3
1999 年	16,896,400	2.9
2000 年	17,174,396	1.6
2001 年	17,709,432	3.1
2002 年	18,365,221	3.7
2003 年	18,975,642	3.3
2004 年	19,485,829	2.7
2005 年	19,859,000	1.9

＊　テレビ受信機登録台数の 1962 年データは推定値
＊　テレビ受信機登録台数の 1980 年〜1984 年データは白黒受信機の数を含む
＊　テレビ受信機登録台数の 1980 年〜2005 年データは、年末登録台数である
出所：テレビ受信機登録台数の場合、1962 年〜1969 年のデータは「韓国放送年鑑 71」76 頁と「韓国放送史」336 頁を総合したもの。1970 年〜1979 年のデータは「韓国放送 60 年史」(1987) 752 頁。1980 年〜2005 年のデータは韓国電波振興協会 (2005) の 62 頁から引用。前年対比増減率の場合、テレビ受信機登録台数を元に計算して作成[4]

図表3−10　テレビ受信機登録台数（1962～2005年）

(単位：台)

出所：図表3−9を参照して作成

レビ事業を始めたものの、政府によりその勢いに規制がかけられ、国内で受信機の生産能力が整うまでの時間を稼いだと言える。

　1983年から1984年の間は一時期テレビ受信機の台数が減少したが、これは白黒放送からカラー放送への移行によるものであり、翌年の1985年からは再び増加傾向にあったことがわかる（図表3−10参照）。

　図表3−11は、1965年から1974年までの10年間、主なテレビ受信機生産国における前年対比受信機生産の増減率を表したものである。単純に生産高の台数で比較すると、1974年当時の韓国の生産高は世界第9位であるが、前年に比べた増減率は世界で最も高い国となっている（図表3−12を参照）。このことからも1960年代から1970年代にかけて韓国におけるテレビ受信機の生産と普及がどれほど急速に進んだのかをうかがうことができる。

　韓国におけるテレビ受信機の普及が、受信機生産高の増加や広告メディアとしての役割拡大のような経済的な理由だけで普及したとは言えない部分もある。テレビ受信機導入の際と同様に、受信機普及に多大な影響力を行使したのはやはり政府の存在であった。例えば、白黒テレビの普及の時には「農

図表3−11　世界各国のテレビ受信機生産高（1965〜1974年）

（単位：千台）

	1965年	1966年	1967年	1968年	1969年
ブラジル	309	396	454	634	666
カナダ	556	520	523	542	615
フランス	1,250	1,350	1,300	1,464	1,417
ドイツ（西）	2,776	2,276	1,917	2,587	2,894
イギリス	1,591	1,396	1,272	1,963	1,902
イタリア	1,042	1,238	1,125	1,500	1,650
日本	4,190	5,652	7,038	9,140	12,685
ソ連	3,655	4,415	4,955	5,742	6,595
アメリカ	9,889	11,673	9,701	10,328	8,721
オーストラリア	309	277	255	283	283
アルゼンチン	180	159	155	168	181
韓国	―	8	28	53	68
	1970年	1971年	1972年	1973年	1974年
ブラジル	726	839	1,069	1,422	1,683
カナダ	543	625	783	811	668
フランス	1,511	1,471	1,578	1,695	1,694
ドイツ（西）	2,936	2,538	3,072	3,898	4,293
イギリス	2,214	2,390	3,030	3,137	2,637
イタリア	2,030	1665	1,690	2,200	2,330
日本	13,782	13,231	14,303	14,414	13,406
ソ連	6,682	5,817	5,980	6,271	6,569
アメリカ	8,298	8,740	10,219	10,631	―
オーストラリア	320	337	361	396	457
アルゼンチン	194	216	195	233	279
韓国	114	209	195	233	279

出所：韓国新聞研究所（1978）482頁

図表3-12　世界各国のテレビ受信機生産高の前年対比増減率の変動（1965～1974年）
（単位：％）

凡例：ブラジル、カナダ、フランス、ドイツ(西)、イギリス、イタリア、日本、ソ連、アメリカ、韓国、オーストラリア、アルゼンチン

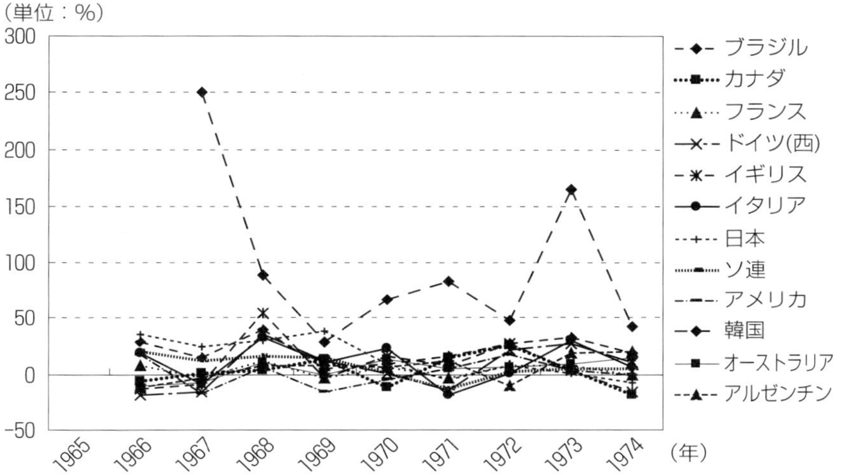

出所：図表3-11を参照して前年対比増減率を計算して作成

村にテレビ受信機を送る運動」まで実施した韓国政府が、カラーテレビの時には階層間の葛藤を助長するなどのイデオロギー的な理由をつけて、すでに1970年代半ばに生産ラインが整えられていたカラーテレビを導入しようとしなかったのである（ジョ・ハンゼ、2003：154）。このような傾向は当時の文化広報部長官だった金聖鎭の国会答弁からも確認できる。"カラーテレビの放映は、中産階級がある程度育ち、社会の各階層の間で所得格差が減って、農村に普及された白黒テレビの減価償却期間が終わる時期である"（中央日報、1978.10.21、1面）。

このような政府の方針により、韓国でカラーテレビが導入されたのは日本（1960年にカラーテレビ導入）、台湾（1969年に導入）よりはるかに遅い1980年になった。

（2）放送設備

テレビ受信機や制作・放送設備の導入は、前述した通り必然的にアメリカからの設備と技術移転に頼らざるを得なかった。そのため、1961年にKBSによってテレビ放送サービスが本格的に始まった当時は、必要な機材をRCA

からの購入で調達した。また、スタジオと俳優の不足が解消されるまでは、ほとんどの番組も輸入物に依存していた（ジョン・スニル／ジャン・ハンソン、2000：66）。放送設備に対する海外への依存は、韓国市場におけるカラーテレビ導入にも影響した。韓国でカラーテレビ放送のための施設と装備の準備が始まったきっかけは、カラー放送への積極的導入の意志からではなく、外国の企業が白黒放送に対応した設備を生産しなくなることを懸念してのことだった（ジョン・スニル／ジャン・ハンソン、2000：142）。しかしその一方で、ジョ・ハンゼ（2003）によると、朴政権はメディアに対する外部の影響力を避けるため放送局に対する外部の直接投資を禁じ、政府の許可を通じてのみ外資の導入を認めたことで、政府の権限を高めたとしている。外資の導入は国家の政策フレームを通じてのみ可能だったため、アメリカのRCAやイギリスのPye、日本のNECなど外国の大手設備会社は単純な販売元の役割しか与えられず、広告費の増加などの利益は放送局に内部留保させることができたのである（ジョ・ハンゼ、2003：157）。

つまり、韓国は他の途上国と同様に自ら技術開発をする時間的余裕がない状態で放送制度を導入せざるを得なかったため、放送に必要な装備の導入も外国に依存するしかなかった。しかしその一方で、放送産業における外資導入の水準は政府によってコントロールされ、資金と技術は外国から恩恵を受けながらも放送局が量的に成長できる環境を作ったのである。

政府の積極的なサポートと計画により、KBS（1976年）とMBC（1982年）がヨイドに現代的なスタジオと本社ビルを構えることになった。全国ネットワークの構築についてはMBCとKBSの両社は1970年代前半に完了した。MBCの場合1970年代前半に八つの主な都市[5]に独立法人を系列化して全国ネットワークを構築し、KBSもプサン地域をはじめに、1970年11月から全国網の構築を開始した（ジョン・スニル／ジャン・ハンソン、2000：87）。KBSは1980年代前半には可視聴地域の拡大のために、新たに「放送網拡張の総合計画」を推進した。1981年から推し進められたこの計画には全506の事業に対して607億ウォンを投入して、1983年にはほぼ全国の主な都市圏を可視聴化した（情報通信サイバー歴史館ホームページ）。この時期の政府のメディア産業に対する積極的な支援は、メディア産業に対する国家の統制

力を強化するためだったものの、結果的に放送産業の外形的・量的発展をもたらした。

一方、1988年に入るとソウルで開催されたオリンピックをきっかけに莫大な放送権収入[6]を得ることができただけでなく、大規模なイベントの中継を経験したこともその後の放送産業発展に大きな経験となった。1990年代に入ってからは、商業放送局であるSBSが開局されると共に、ケーブルテレビ、衛星放送、インターネット放送などの導入によりチャンネルが飛躍的に増加した。また、デジタル技術の進展により伝送方式や映像コンテンツ表現における技術方式に変化が起こり、放送環境は大幅な変動を迎えた。地上波放送3社（KBS、MBC、SBS）の主な設備整備に関する年表は図表3－13の通りである。

3　コンテンツ流通の変動

放送産業における外国の影響が最も具体的に現れたのは、外国番組の編成状況であった。ここでは、放送産業における外国番組の編成傾向の変化を時系列に見ていくことにする。

1960年代は外国輸入番組の編成比率が最も高い時期だった。その理由は国内の放送局にはまだ番組制作能力が整っていなかったためである。1961年に開局したKBSは番組不足問題を解決するため、劇場用映画やスポーツ中継、そして外国のドラマシリーズと映画の放映で視聴者を確保しようとした。開局当初から『アイ・ラブ・ルーシー』『サンセット77』『コルト45』など、完成度の高い外国の番組を編成して視聴者の関心を引き付けることに成功した（ジョン・スンイル／ジャン・ハンソン、2000：66）。特に、同じくソフト不足に悩んでいた日本の編成傾向から影響され、日本で人気を得た外国のドラマシリーズが韓国でも編成される傾向は1970年代までに続いた（ジョン・スンイル／ジャン・ハンソン、2000：42）。MBCも開局番組として『巨人の惑星』など9本の外国ドラマシリーズを編成するなど、1960年代にはまず視聴者を自分たちのチャンネルに獲得するため外国番組の大量編成が最も効果的な方法として使われた。

図表 3-13　地上波放送 3 社の設備整備の年表

	KBS	MBC	SBS
1940 年代〜1950 年代	ITU から韓国に呼び出し信号「HL」を割り当て。1948：国営放送発足	—	—
1960 年代	1961：ソウル国際放送局（RKI）開局	1961.12：ラジオ局開局 1963.4：ラジオ地方局 4 局の許可 1966.9：テレビ開局施設機材導入契約－アメリカ　アンペックス社（AMPEX）、イギリス　パイ社（PYE） 1967.9：テレビ開局施設機材導入契約－アメリカ　アンペックス社（AMPEX）、イギリス　パイ社（Pye）、外資導入規模は 5,007,791 ドル 1969.8：MBC-TV 開局、放送開始 1969.7：ジョンドンに社屋を移転	—
1970 年代	1973：韓国放送公社（公営放送）創立 1976：現在のヨイド社屋に移転	1971.7：20 箇所の地方民間放送と提携、MBC-TV ネットワーク構築 1976.6：報道局スタジオ建設完了 1978.4：ニュース専用スタジオ「ニュースセンター」完成	
1980 年代	1980：カラーテレビ放送開始、広告放送実施、言論統廃合により 5 カ所の民営放送を強制統合運営 1985：音声多重放送開始	1980.12：カラー放送実施 1982.3：現在のヨイドスタジオ完成、移転 1989.10：ラジオデジタルスタジオ完了および稼動	
1990 年代	1995：インターネット放送開始 1996：衛星実験放送開始、衛星チャンネル開局	1995.10：MBC インターネット TV 番組ライブ中継	1991.3：ラジオ局開局 1991.12：テレビ局開局 1991.2：ワシントン支局設置 1991.10：パリ、東京支局設置 1992.5：SBS プロダクション設立 1992.10：スタジオ完成（それまでは賃貸スタジオを利用） 1995.5：全国ネットワーク構築 1999.8：SBS インターネット発足
2000 年代	2001：地上波デジタルテレビ放送開始 2003：国際衛星放送「KBS ワールド」開局	2000.3：インターネット MBC 開局 2005.12：MBC 地上波 DMB 開局 2006.6：DATA 放送開始	2001：デジタル放送開始 2004：新社屋完成、移転

出所：KBS の年表は KBS ホームページ（http://www.kbs.co.kr）を元に作成、MBC の年表は「文化放送 30 年年表」を元に作成、SBS の年表は SBS ホームページ（http://www.sbs.co.kr）を元に作成

これらの輸入番組の視聴率はかなり高く、1965年12月にTBCが実施した視聴率調査によると外国番組の『戦闘』が4位を示し、1966年9月には『逃亡者』が1位、『0011ナポレオン・ソロ』が2位、『戦闘』が3位、『ドナ・リード・ショー』が5位を示していた（中央日報・東洋放送、1975）。また、これらの外国番組の編成された時間帯も主にプライムタイムであった。このような外国番組の高い編成比率は1970年代に入ってからも続いて、1974年3月以前までは総放送量の1/4を外国番組が占めていた。1970年代前半には捜査劇の『刑事コロンボ』『FBIアメリカ連邦警察』などが人気を得ていたが、外国ドラマの視聴が暴力行為の原因と判断され当局の規制を受けて放映中止となった。その代わり、1970年代後半に新しく放映が始まった『ワンダーウーマン』『透明人間』『600万ドルの男』『地上最強の美女バイオニック・ジェミー』など、いわゆる「ヒーロー」が登場するドラマシリーズが人気を得たものの、1977年には『スーパーマン』が飛ぶシーンを真似しようとして子供が死亡する事故もあり、プライムタイムに編成され視聴率が高かった外国ドラマシリーズに対するその後の社会的批判と政府当局の輸入規制や検閲に影響した（韓国新聞研究所、1978：267）。1970年代後半から1980年代にかけては、政府の方針や指示によってプライムタイムから外国番組の編成がはずされ、平日の深夜および週末の夕方の時間帯に移されることになり、その量も減少しはじめた。図表3－14は1962年の統計と1980年代前半から1990年代後半までの外国番組編成比率の変動を表したものである[7]。図表によると、1962年には外国番組の編成率がKBSで30％に近かったものの、1980年代には多くて20％、少ない局では10％未満になっていた。1990年代からは平均10％程度を維持していたことになる。

　上記のように輸入番組が減少する一方、国産番組の編成と視聴率は増えてきた。1960年代前半には制作ノウハウが不足し技術的なミスが多かったため、それに対する視聴者たちからの不評と批判が絶えなかったものの、1970年代前半にテレビ放送が影響力のあるメディアとしての機能を担うことになると、各局（当時はTBC、KBS、MBC）の間で激しい視聴率競争が始まるようになった。視聴率競争の中心にあった番組のジャンルは、毎日の連続ドラマと娯楽番組で、これらの番組は視聴者をテレビの前に引き付けることに成

図表 3-14　地上波放送における外国番組の編成比率の変動（1962～1999 年）
（単位：％）

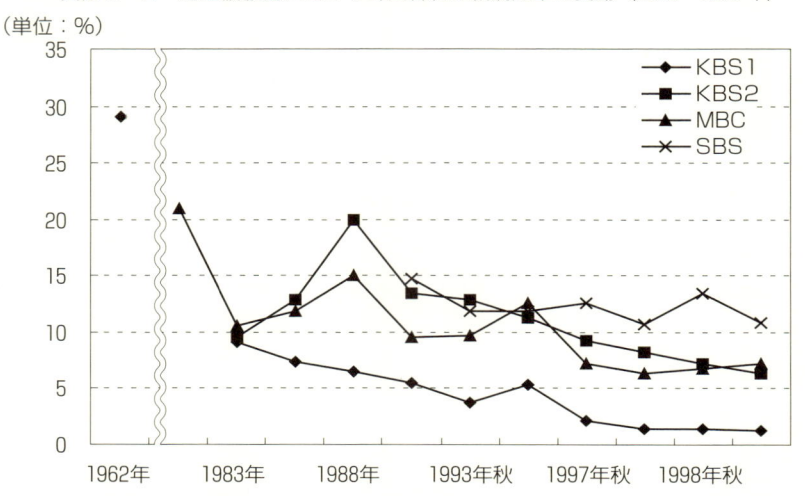

出所：1983 年～1988 年のデータはハン・ギュンテ（1988）、1988 年～1997 年のデータはハン・ギュンテ（1988）とジョン・ユンキョン（1999）、1992 年～1998 年のデータはジョン・ユンキョン（1999）、KBS の 1962 年のデータと MBC の 1969 年のデータはソ・キョンア（1995）、1993 年のデータはオ・ヨングン（1994）を参照して作成

図表 3-15　1971 年に発表された文化公報部長官の談話文要旨

内容
① 民族文化の伝承と発展
② 外来文化の分別のない導入を抑制
③ 大衆歌謡における外国語歌詞の使用を抑制
④ 低質・低俗番組の排斥
⑤ 公序良俗、社会秩序の尊重
⑥ ヒッピー、狂乱などを追放、社会環境を浄化
⑦ 退廃思潮の払拭
⑧ 淫乱な表現を防止
⑨ 誠実、勤勉、自助、協同、団結心を高揚
⑩ 社会の明朗な雰囲気を造成

出所：ジョン・スンイル／ジャン・ハンソン（2000：91-92）

功した。一方、激しい視聴率競争により番組の質の低下が懸念されはじめ、1971 年には文化公報部長官が番組の低俗性を非難する名目で図表 3-15 のような談話文を発表し、番組編成に対する政府の方針を強調しはじめた（ジ

ョン・スンイル／ジャン・ハンソン、2000：91－92)。また、このような傾向はその後 1972 年、朴政権による維新体制の下で一層強調され、番組の内容と編成時間に対する政府の干渉が激しくなった8)。

このように、1960 年代から 1970 年代前半までには毎日の連続ドラマの視聴率競争によって視聴者を獲得してきたため、1972 年に入って維新体制の政府の規制や干渉が強くなっても、放送局としては視聴率競争を止めることはできなかった。警告や放送停止などの政府の干渉を受けながらも、1970 年代には放送ノウハウを蓄積し、海外ロケも増加させ、外国の番組を模倣しながらも、放送局は成長のためのあらゆる模索を続けた。

1980 年代に入ってからも KBS と MBC の視聴率競争は激しく、1970 年代に比べ番組の大型化が目立った。1980 年代半ばからは編成に対する自立性が放送局に認められると同時に、1986 年韓国で開催された「アジア競技大会」と 1988 年に開催された「ソウルオリンピック」の準備を通じて放送産業は大きく成長した。この時期にも政府の外国番組に対する編成規制はあったものの、国産番組の編成比率が自然と増加し、外国番組の編成は決められていた量を下回るようになった。

一方、1980 年代後半から韓国も番組の輸出を始めたが、1990 年代前半までは輸出額は伸び悩んでいた。また、韓国への番組輸入額の規模と比較してもその差は大きく、韓国は国際コミュニケーション分野でいう典型的な情報受け手国であった。韓国はテレビ放送が始まって以来数十年以上、情報の受け手国としての立場に留まっていたが、1990 年代後半からアジア地域を中心に始まった韓流現象により番組の輸出入額の傾向に変動が生じた。日本で韓流現象が起きた 2001 年以降から、韓国における番組輸出額が輸入額を上回りはじめたのである。現在は、輸出額が輸入額の 10 倍近くまで跳ね上がっている（図表 3－16 参照）。韓国における放送番組の輸出状況をより詳しく見ると、輸出先すべての国において韓国放送番組の輸出額は増加しており、特に全体番組の輸出額を最も大きく跳ね上がらせているのは日本である（図表 3－17、3－18、3－19 を参照）。1999 年には各輸出先に対する番組輸出額がほぼ均等であったが、1999 年から 2001 年までは中国が、2001 年から 2003 年までは台湾が、2004 年以降は日本が主な輸出先になっている。図表 3－19

図表 3-16　放送番組輸出入額の変動状況（1988～2010 年）

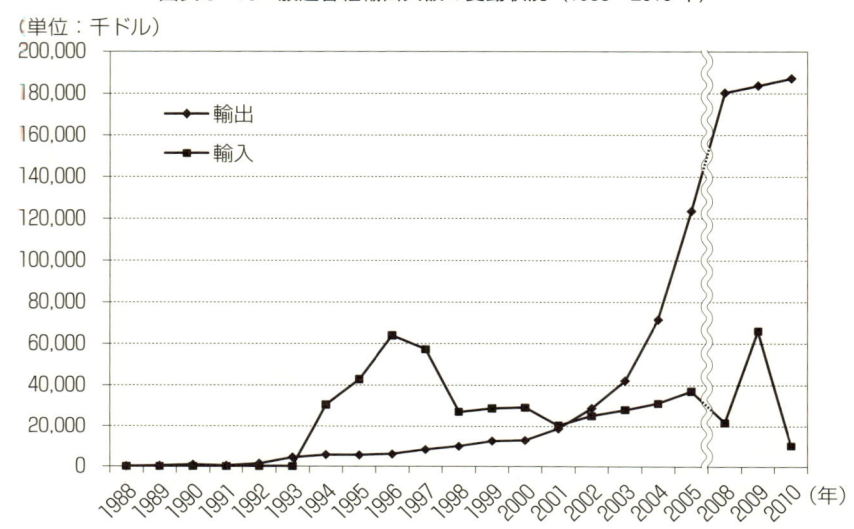

（単位：千ドル）

─◆─ 輸出
─■─ 輸入

出所：1988 年～1993 年のデータは金美林（2001）から再引用。1994 年と 1995 年のデータは韓国言論財団（1999）を参照、その他は韓国言論財団（2006）を参照して作成。2006 年～2007 年のデータは入手困難で省略。2008 年と 2009 年のデータは韓国コンテンツ振興院（2010）を、2010 年のデータは韓国コンテンツ振興院（2011b）を参照して作成

図表 3-17　放送番組の国別輸出額の変動（1999～2010 年）

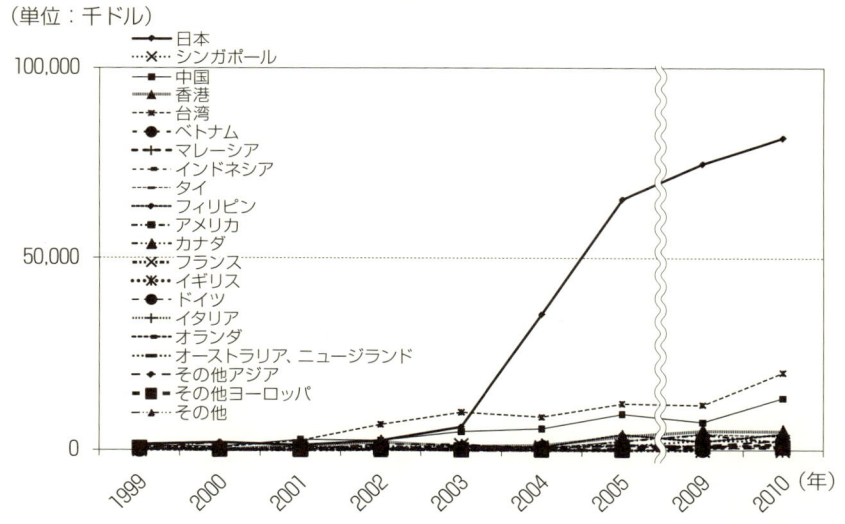

（単位：千ドル）

凡例：
- 日本
- シンガポール
- 中国
- 香港
- 台湾
- ベトナム
- マレーシア
- インドネシア
- タイ
- フィリピン
- アメリカ
- カナダ
- フランス
- イギリス
- ドイツ
- イタリア
- オランダ
- オーストラリア、ニュージランド
- その他アジア
- その他ヨーロッパ
- その他

出所：1999 年～2000 年のデータはソン・キョンヒ（2002a）の 236 頁から、2001 年～2005 年のデータは、放送委員会（2002、2003、2004、2005 b、2006a）を参照して作成

図表3-18 日本のデータを除いた放送番組の国別輸出額の変動（1999年～2010年）
（単位：千ドル）

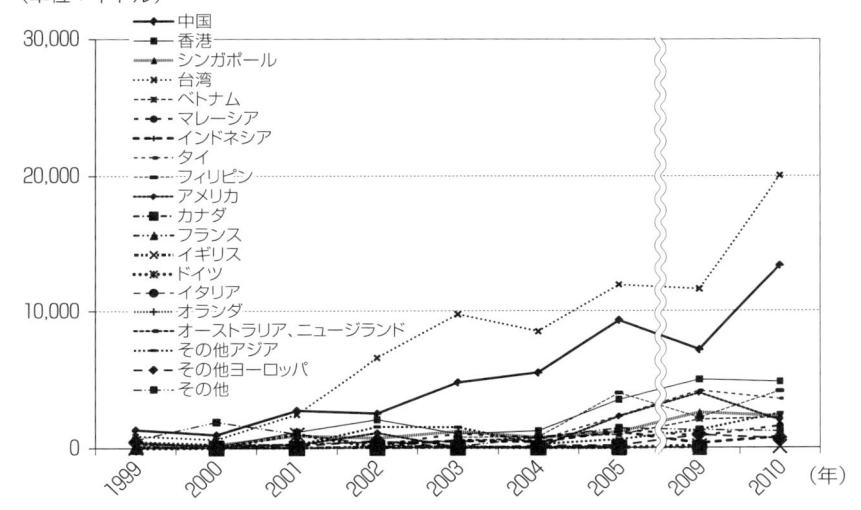

出所：1999年～2000年のデータはソン・キョンヒ（2002a）の236頁から、2001年～2005年のデータは、放送委員会（2002、2003、2004、2005b、2006a）を参照して作成。2006年～2008年のデータは入手困難のため省略。2009年のデータは韓国コンテンツ振興院（2010）を、2010年のデータは韓国コンテンツ振興院（2011b）を参照して作成

の2004年～2010年の棒グラフだけを見ると、輸出先が一見画一化されているようにも見受けられるが、割合ではない実際のデータを見ると全体的な輸出額の増加と輸出先の多様化が図られている。

一方、韓国のテレビ番組が輸出される際に取引される平均価格は、国に、そしてジャンルによって異なるものの、韓流現象の初期と比較すると高くなる傾向にあるようだ。諸外国で求められる平均購入価格と韓国番組の値段を比較すると、ドキュメンタリーやアニメは安く販売されており、ドラマは高い傾向である。しかし、韓流現象の大きなマーケットである日本においては韓国産のテレビ番組が日本の放送局自前の番組より安いため、編成率が高くなっていることも事実である。例えば、日本におけるドラマの購入価格は平均16,000～25,000ドルの間であるが、日本に販売される韓国ドラマの平均輸出価格は1,500～31,670ドルの間である。ドキュメンタリーの場合には、平均9,000～25,000ドル程度が購入価格であるが、韓国のドキュメンタリー

図表3-19 放送番組の輸出先変動（1999～2010年）

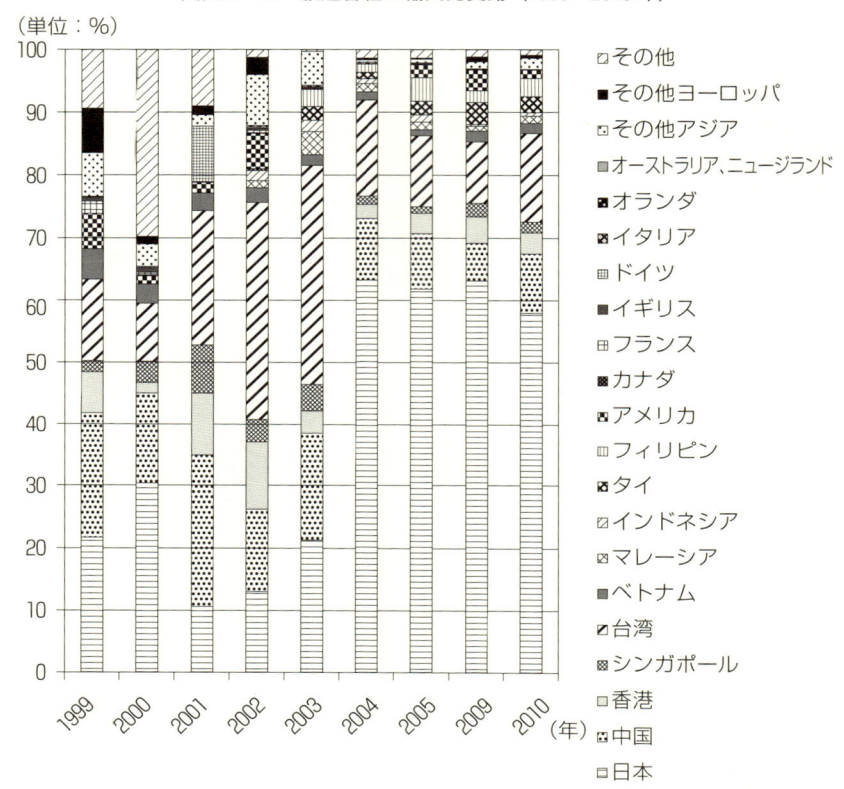

（単位：％）

凡例（上から）：
- その他
- その他ヨーロッパ
- その他アジア
- オーストラリア、ニュージランド
- オランダ
- イタリア
- ドイツ
- イギリス
- フランス
- カナダ
- アメリカ
- フィリピン
- タイ
- インドネシア
- マレーシア
- ベトナム
- 台湾
- シンガポール
- 香港
- 中国
- 日本

出所：1999年～2000年のデータはソン・キョンヒ（2002a）の236頁を、2001年～2005年のデータは、放送委員会（2002、2003、2004、2005b、2006a）を参照して作成。2006年～2008年のデータは入手困難のため省略。2009年のデータは韓国コンテンツ振興院（2010）を、2010年のデータは韓国コンテンツ振興院（2011b）を参照して作成

は5,000～8,000ドルであり、日本産の番組よりかなり低価格で販売されていることがわかる9)。景気低迷などによる広告費の減少が日本における韓流現象の一つの要因であるという主張も説得力を得ている（朝日新聞、2011年9月20日）。

1) 長年議論されてきた民営広告代理店は2012年に入って商業放送のSBSによって設立され営業を開始した。

2) DMB：Digital Multimedia Broadcasting、デジタルマルチメディア放送のことで、音声・映像など多様なマルチメディア信号をデジタル方式にして携帯用端末や交通手段用受信機へ提供する放送サービスのこと。2005年からサービスを提供。衛星DMB事業は2012年にサービスを終了。
3) 資料Ⅴにまとめた地上波放送局によって運営されるサイトの概要を参照。
4) 第3章における韓国の放送・映画産業に関連した図表の中には、1960年代から現在までのデータを網羅したものが多い。しかし、長期間にわたるデータを収集する過程で、同じ指標に関するデータでも出所が異なる場合がいくつかあった。本論文ではそれらのデータを線でつないでいる場合が多いが、出所によっては、多少測定の基準が違っていた可能性もあることをここに記しておく。
5) プサン（1970.1）、デグ（1970.7）、クワンジュ（1970.8）、ウルサン（1970.8）、デジョン（1971.4）、ジョンジュ（1971.4）、ジェジュ（1972.10）、マサン（1972.10）。
6) 140カ国227放送局と契約を結んで、4億700万ドルという契約高を挙げた。
7) 1960年代から1970年代までには定期的に外国番組に対する視聴率調査を行っていなかったため、資料が不足している。また、2000年代からは地上波放送局における外国番組は微小な存在となり、「外国番組」という枠で視聴率の調査調査を行っていないと思われる。
8) 政府の放送産業に対する方針と干渉に関しては、次章で詳しく述べる。
9) 韓国テレビ番組の輸出価格および地域別平均購入価格に関しては、資料Ⅵを参照。

第4章 映画産業

1 韓国映画産業の概要

　本来、映画産業は劇場用映画の興行、ビデオ・DVDの売上額などで構成されるが、ここでは劇場用映画だけ[1]に焦点を合わせている。以下の図表4－1は韓国における劇場用映画のデータだけを用いて映画産業の市場規模を示したものである。映画産業の市場規模は1960年代以来毎年成長しているが、特に大幅な変動が見られたのは、1979年、1988年、2000年頃である。まず、1979年の売上額の増加は映画産業の活性化によるものというよりは、入場料の引き上げによる結果と言われている（ヤン・ヨンチョル、2006：53）。この時期には国民1人当たりの映画観覧の回数も減り、観客を動員できる外国映画の上映が特に増えたわけでもないため、入場料の引き上げ以外に劇場売上が特に伸びる理由はなかった。実際、1979年には前年に比べ2倍近く

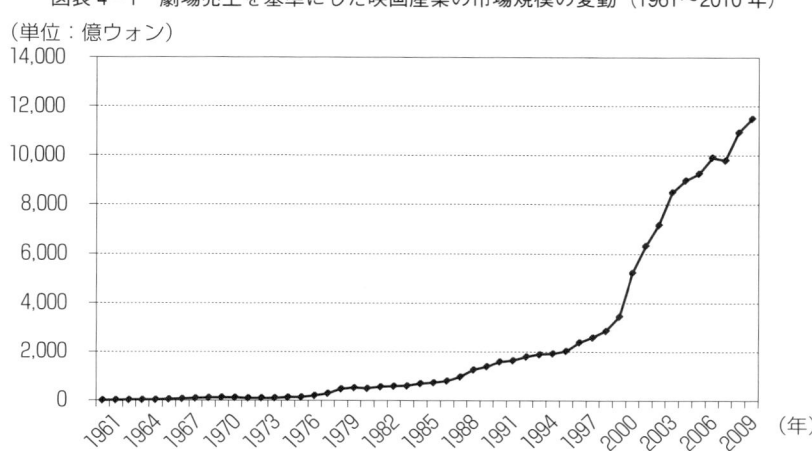

図表4－1　劇場売上を基準にした映画産業の市場規模の変動（1961～2010年）
（単位：億ウォン）

出所：映画振興委員会ホームページを参照して作成

図表4-2 映画館入場料の年平均（1961～2005年）

(単位：ウォン)

年度	料金	年度	料金
1961年	12	1984年	1,432
1962年	18	1985年	1,532
1963年	20	1986年	1,533
1964年	23	1987年	1,637
1965年	23	1988年	1,847
1966年	31	1989年	2,271
1967年	41	1990年	2,602
1968年	51	1991年	3,034
1969年	63	1992年	3,471
1970年	73	1993年	3,711
1971年	80	1994年	3,895
1972年	83	1995年	4,268
1973年	88	1996年	4,828
1974年	104	1997年	5,017
1975年	168	1998年	5,150
1976年	207	1999年	5,230
1977年	307	2000年	5,355
1978年	389	2001年	5,860
1979年	715	2002年	6,002
1980年	957	2003年	6,035
1981年	1,097	2004年	6,172
1982年	1,300	2005年	6,287
1983年	1,326		

出所：1961年～2001年のデータは映画振興委員会ホームページを参照、2002年～2005年のデータは映画振興委員会（2011a）を参照して作成

図表4-3　韓国における観客動員数の変動（1967～2011年）

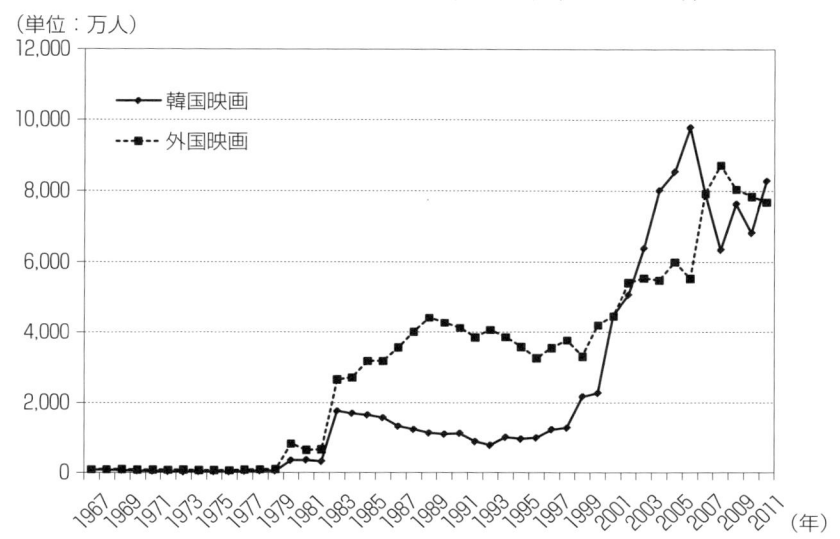

出所：1967年～1998年のデータは金美林（2001）を参照、1999年～2006年のデータは映画振興委員会（2007a）を参照して作成。2007年～2011年のデータは映画振興委員会（2012）を参照して作成

入場料が引き上げられた（図表4-2参照）。次に1988年頃の売上額の変動は、1987年からの映画市場開放により外国映画会社の韓国市場への直接配給が可能になったことが主な要因である。

外国映画の輸入自由化により、アメリカ映画の直接配給だけでなくヨーロッパや中国・ロシア（旧ソ連）などの共産圏の国家の映画も大量に公開されたため、外国映画の興行成績が高くなった。図表4-3は1967年から2011年までの劇場の観客動員数の推移を韓国映画と外国映画に分類して示したものである。韓国映画と外国映画への観客動員数の格差が広がりはじめたのは1983年以降からで、1989年頃に最もその格差が大きいことがわかる。一方、この時期には外国映画の勢いには届かないものの、韓国映画の観客動員数も1970年代に比べて大幅に上昇し、これらの結果が重なって全体の市場規模の拡大につながった。そして、2000年頃に起きた市場規模の変動は、図表4-3からもわかるように、外国映画を観覧する観客の数にはあまり変動がなかった反面、韓国映画の観客が飛躍的に伸びていたことが原因と見られる。

つまり、2000年頃の市場規模の変動は、韓国映画の市場支配力の向上がもたらしたものであった。
　上記の内容と図表を総合すると、1990年代頃までに韓国映画の興行成績はなかなか上がらなかったものの、外国映画の興行収益に支えられ産業全体の量的な成長は続けられてきた。2000年以降から洗練された外国映画に慣れ親しんできた国内の観客にもアピールできる韓国映画が制作されはじめ、映画市場規模が飛躍的に拡大した。つまり、2000年頃を基点として、それ以前は外国映画の興行収益によって、それ以降は韓国映画の興行収益によって韓国映画市場の規模が影響されてきたと言える。

2　インフラの整備

(1) 制作会社と制作本数の変動

　韓国における制作会社の数と映画制作本数は常に政策に大きく左右されてきた。制作会社の数に大きな変動があった前年には必ずと言っていいほど、映画関連法律の制定や改正が行われている。1960年代には50ヵ所を超えていた映画制作会社は、1962年の映画法制定以降長い低迷期を経て、1990年代から再び増加している。図表4－4によると、注目すべき制作会社数の変動があった時期は1963年、1986年、1999年であった。1962年には映画法が制定され法律による規制体制が整ったことが原因で、制作会社の数が減少した。また、1985年には映画法の改正で映画業許可制度が登録制度に変わり、参入規制が多少ゆるくなったため、会社数が増加した。そして、1999年の映画振興法全面改正は、映画業の登録制度が申告制度に変わり、誰でも自由に映画制作業に参入できる環境が整えられた。映画産業への参入が申告制度に変わってからは制作会社の数が急激に増え続け、1990年代前半にはおよそ100余りの数だったものが2008年には1,700社以上にまで上っている。
　一方、映画制作本数は映画制作会社数の推移と必ずしも比例する動きになっているわけではない（図表4－4、4－5、4－6参照）。図表4－5と4－6を総合すると、映画制作会社数が20余りの会社しかなかった1970年代には年間

図表 4−4　映画制作会社数の推移（1960〜2011 年）

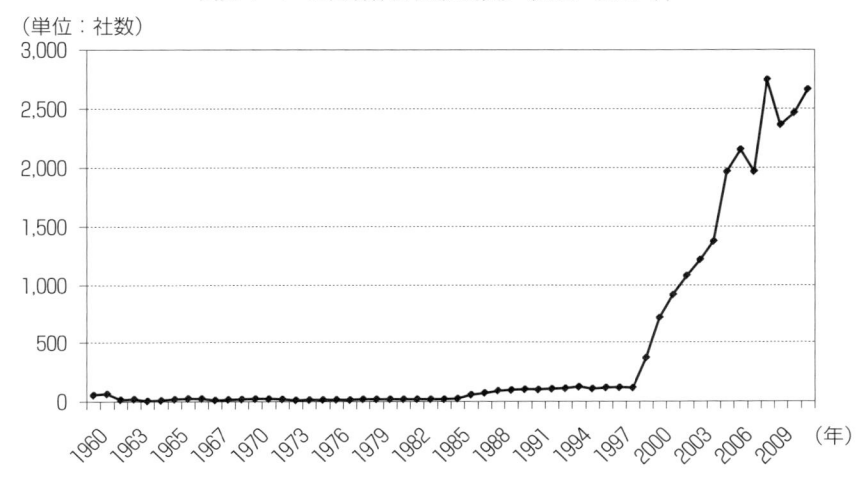

（単位：社数）

出所：1960 年〜1979 年のデータはパク・ジヨン（2005）を、1980 年〜1998 年のデータはキム・スヨン（2001）を、1999 年〜2004 年は映画振興委員会（2007a）を、2005 年〜2011 年は映画振興委員会（2012）を参照して再構成

図表 4−5　映画制作本数の推移（1971〜2011 年）

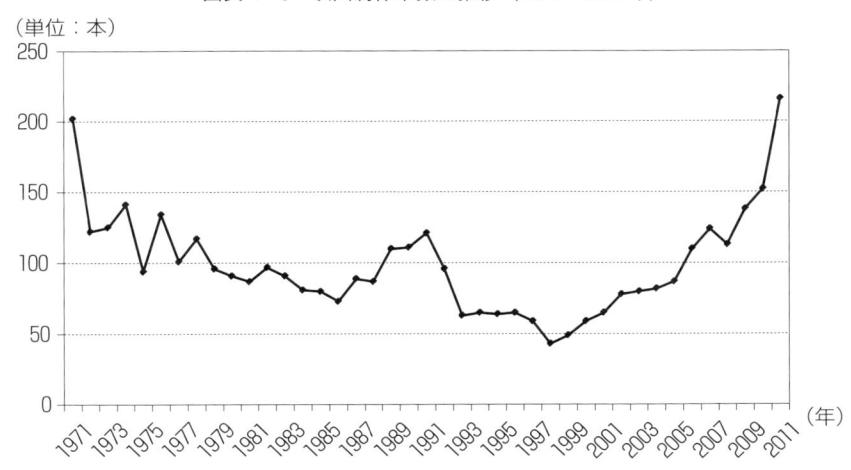

（単位：本）

出所：1971 年〜2005 年のデータは映画振興委員会ホームページを参照して作成、2006 年〜2011 年のデータは映画振興委員会（2012）を参照して作成

第 4 章　映画産業

図表 4-6　映画の制作・輸入本数の推移（1984～2011年）

年度	制作本数	輸入本数	制作本数の比率	直接配給映画本数
1984年	81	25	76.4%	
1985年	80	27	74.8%	
1986年	73	50	59.3%	
1987年	89	84	51.4%	
1988年	87	175	33.2%	1
1989年	110	264	29.4%	15
1990年	111	276	28.7%	47
1991年	121	256	32.1%	45
1992年	96	319	23.1%	57
1993年	63	347	15.4%	64
1994年	65	382	14.5%	68
1995年	65	358	15.4%	65
1996年	65	405	13.8%	53
1997年	59	380	13.4%	58
1998年	43	271	13.7%	67
1999年	49	297	14.2%	74
2000年	59	404	12.7%	79
2001年	65	339	16.1%	68
2002年	78	262	22.9%	78
2003年	80	271	22.8%	86
2004年	82	285	22.3%	77
2005年	87	253	25.6%	80
2006年	110	291	27.6%	80
2007年	124	404	23.5%	
2008年	113	360	23.6%	
2009年	138	311	30.7%	
2010年	152	383	28.3%	
2011年	216	551	28.1%	

出所：1984年～1999年のデータはチェ・チャンラク（2001）を、2000年～2004年のデータは文化観光部（2006a）を、2005年～2006年のデータは映画振興委員会ホームページを参照して作成

200本を超える制作量があったものの、現在は映画制作会社だけで1,700社を超えているにもかかわらず、制作本数はその時期の半分程度である。つまり、韓国映画産業の成長を制作本数だけで語ることはできないのである。しかし、それにしても1970年代から1980年代における制作本数と制作会社数、そして興行収益のバランスがあまりにも不自然であることは確かであろう。これは韓国映画産業の変動において市場原理以外の力が大きく影響していたことの裏付けでもある。

また、図表4－6を詳しく見ると、1990年代後半まで国内制作本数が減少する傾向だったものが、中華文化圏で韓流現象が起こりはじめた1998年頃から増加傾向に変動し、2000年代に入ってからはその増加率が高くなることがわかる。これは、国外における韓流現象と国内の映画制作産業の成長に何らかの相関関係があることが推察できる変化である。

(2) 制作費

韓国映画の制作費は図表4－7のように1990年代後半から増加を続け、

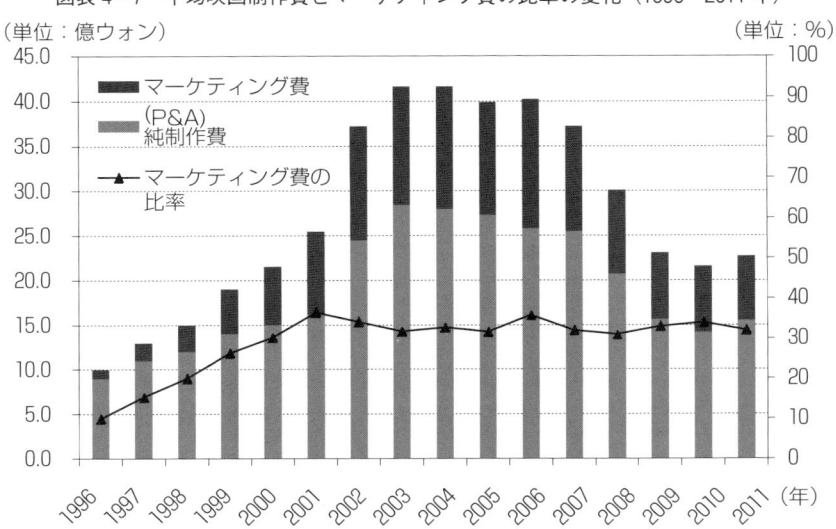

図表4－7 平均映画制作費とマーケティング費の比率の変化（1996～2011年）

出所：映画振興委員会（2006a）、映画振興委員会（2007a）、映画振興委員会ホームページを参照して作成

2000年代に入ってからはある程度の水準で足踏みしている傾向だったものの、2000年代半ばを頂点にその後は減少している。制作費は1996年に比べ10年後の2006年にはおよそ3倍近く伸びたが、マーケティング費は14倍も伸びている。また、マーケティング費が制作費の中で占める比率は1996年には10％だったものが2005年には32.5％にまで増加した。これは、映画の商品性を拡大するためのマーケティング行為が興行成績を上げるための重要な要素であるとの認識が韓国映画界に広まった傾向を表している。このような傾向を反映するように、韓国で最近発表された資料の中には映画制作費とマーケティングの重要性を立証した研究が多い。例えば、2006年に映画振興委員会が発表した研究報告では、2004年に韓国で上映された78本の韓国映画を対象に、キャスティング費とマーケティング費が売り上げや収益、観客数に影響するかどうかを回帰分析を通じて分析した結果、有意な影響があったという結論が得られたようだ。特に、キャスティング費を増やした場合よりマーケティング費を増加させた場合に、興行成績に及ぼされる影響が大きいという（パク・ヨンウン、2006）。また、映画振興委員会の関係者も、映画公開時のスクリーンの数と観客数がその後の興行成績に大きく影響するためマーケティング費が増加したと指摘している（マックスムーヴィー、2007）。

　一方、映画制作費の調達方法は、1984年の映画法改正で国内業者に対する参入規制が緩和され、さらに1986年の改正で外国人に対する参入規制が緩和されて以来、大きく変化した。それまでは、映画産業への厳しい参入規制と長年続いた業界の慣行によって映画商圏がある程度決まっており、制作費を調達できる方法が少なかった。制作資金を集めるほぼ唯一の方法は、配給会社や劇場主に青田売り式で事前に権利を販売することであった。そのため、制作会社は興行収益を次回作の投資資金へ回すことができない構造だった（図表4-8参照）。当時韓国は全国が六つの映画商圏に分かれており、全国的ネットワークを持っている配給会社は存在していなかった。多くの映画制作会社も興行成績を上げるために地方の配給会社に依存するか、自分たちが所有する劇場に映画をかけるしか方法がなかったため、地方業者とのネットワークがない新人監督や独立制作会社は資金調達が難しかった（ヤン・ヨ

図表 4-8　青田売り式の制作費調達

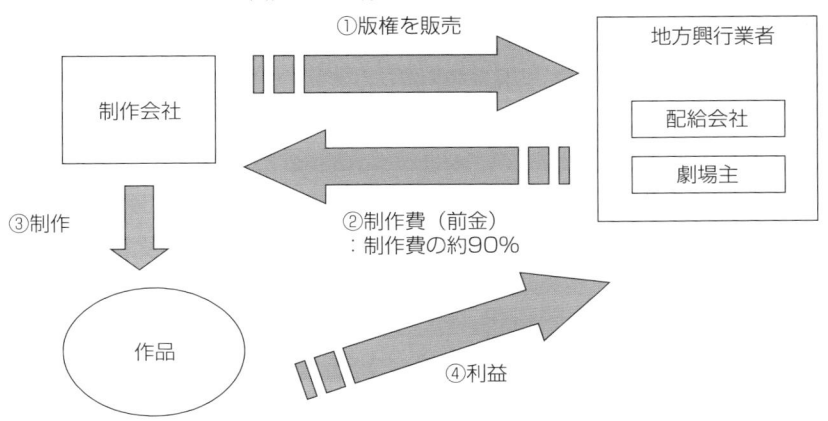

① 版権を販売（制作会社 → 地方興行業者［配給会社／劇場主］）
② 制作費（前金）：制作費の約90%
③ 制作 → 作品
④ 利益

ンチョル、2006：57-58）。そしてこの仕組みは、興行収益の多くを配給や上映の権利を持っている中間の関係者に分散させられてしまい、長年制作会社に還元できない構造を作り上げてきた。例外的に、制作会社が配給権を持っており劇場を所有するケースもあったものの、せっかくの収益は固定資産である劇場に投じられ制作には回らなかったという指摘もあった（チェ・チャンラク、2001：20-21）。

　しかし、参入規制が緩和されたことにより1980年代後半から制作費の調達方法が多様化されはじめた。外国の配給会社や大手企業の参入、ビデオ市場の誕生など様々な環境的変化により、資金源が多様化されたからである。また、1990年代からは政府の制作費支援制度や融資制度、投資組合の結成などによりさらに多くの資金源が現れた。

(3) 劇場と配給

　韓国におけるスクリーンの数は2006年現在1,880面である。これは前年に比べると、およそ12%ほど増加したことになり、また2001年（818面）に比べると2倍以上の伸びである（映画振興委員会、2007a）。これはシネマコンプレックス（以下シネコン）[2]が急激に増加したことが主な原因であると言える。図表4-9によると、スクリーンの数が映画館の数を上回るように

図表4−9　映画館とスクリーンの数（1991〜2011年）

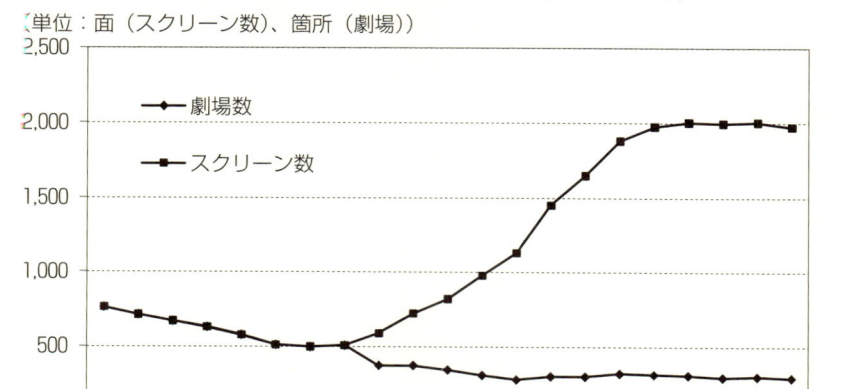

(単位：面（スクリーン数）、箇所（劇場）)

出所：1991年〜2004年は映画振興委員会ホームページを、2005年〜2009年のデータは映画振興委員会（2009）を、2010年〜2011年のデータは映画振興委員会（2011a）を参照して作成

なったのは1999年からである。シネコンが初めて登場した1998年〜2003年までの時期は、劇場の数が減ってスクリーン数が増加する傾向が強く現れ、一般の劇場がシネコンに再編される調整の時期だった。2004年からは劇場数とスクリーン数が共に増加して新たに市場が拡大される時期に入っていたが、2007年頃〜2011年までには増加率が鈍化しはじめてスクリーンの増加は安定に入っている。

韓国のシネコン産業は、大手3社（CGV、ロッテシネマ、メガボックス）の寡占体制であると言える。2005年では、これら3社は上映部門だけでなく制作・投資・配給・上映・ニューメディアなど映画産業全般において独占・寡占的な立場にあり、スクリーン全体の72％に至る合計1,657スクリーンを占めている（図表4−10参照）。

1999年になってから全面改正された映画振興法によって、「映画業者」が「映画制作業者」、「映画輸入業者」、「映画配給業者」、「映画上映業者」の四つの種類に分類され詳細に定義付けされるようになったものの、それ以前までは図表4−11で示されているように映画業に携わる会社は制作会社と輸入

図表4-10　大手3社のスクリーン保有数（2011年現在）
（単位：箇所、面）

社名	劇場数	スクリーン数
CGV	102	806
ロッテシネマ	65	478
メガボックス	49	373
大手3社の小計	216	1,657
その他シネマコンプレックス	22	199
非シネマコンプレックス	62	147
合計	300	2,003

出所：映画振興委員会（2011a）を参照して作成

図表4-11　映画業の申告数3)（1996～2011年）

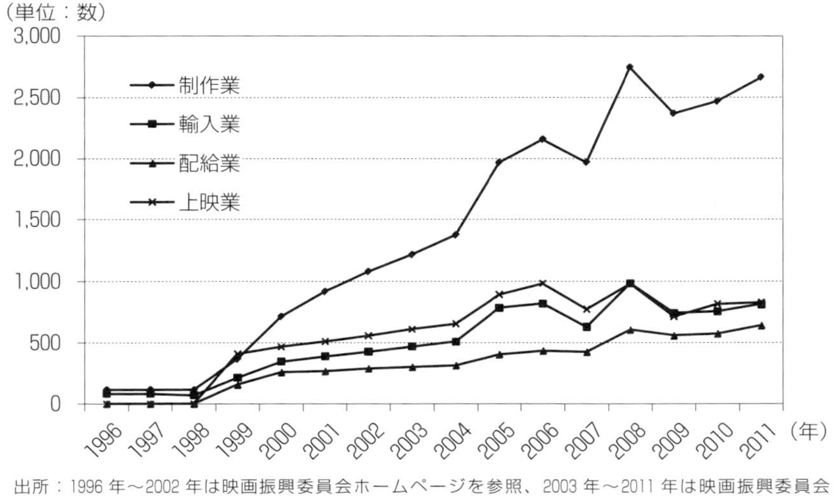

出所：1996年～2002年は映画振興委員会ホームページを参照、2003年～2011年は映画振興委員会（2011a）を参照して作成

会社の2種類しかおらず、その数もあまり増加しなかった。しかし、1999年からは映画制作業者を中心に、映画業全体に参入する会社の数と種類が飛躍的に増え続けた。

韓国の映画配給システムには元々直接配給と間接配給の2種類があった。2000年以降、全国ほとんどの地域で直接配給が行われるようになったものの、それまではソウル、プサン、デグ、デジョン、クワンジュの5大都市を除いては間接配給システムが慣行的に採用されてきた。直接配給とは、配給会社が劇場と直接契約を結んで、上映収入を約定された一定比率の通り劇場と配給会社が配分する方式である。一方、間接配給とは、中央の配給会社が各地域で配給網を構築している中間配給会社と配給の代行契約を結んで収入を配分する方式である。中間配給会社は、過去、映画制作会社が資金調達に難航していた時代に制作費を先行投資する代わりに、地方配給権を購買させる言わば青田売り方式でその存在価値を高めてきた（映画振興委員会、2000b）。2000年以降全国的に直接配給方式が主流になった理由は、外国の配給会社が参入してきたこと、ビデオ市場が出現し大手企業が映像産業に参入したことなどが挙げられる。

　1990年代後半から登場しはじめた大手の配給会社は、全国的に直接配給網を構築し、配給システムの透明化と映画への投資増大に貢献した（映画振興委員会、2010）。現在、韓国で活動している主な大手配給会社としては「CJ E&M」、「ロッテエンターテインメント」、「ショーボックス」などが挙げられる。2010年、国内外の各配給会社が配給した映画本数によるソウルにおけるマーケットシェアと観客動員によるマーケットシェアは図表4－12の通りである。国内の大手配給会社「CJエンターテインメント」は国内市場における観客動員や売上額における市場支配力が最も大きい。「CJ E&M」、「ショーボックス」などは投資や配給だけでなく各自シネコンも運営[4]しているため、投資、配給、上映の垂直統合が新たな傾向として現れている。

　一方、政府による流通構造の近代化事業の一環として、「映画館入場券統合電算ネットワーク」構築が2004年から映画振興委員会によって運用されはじめ、全国映画館の入場券発券情報がオンラインによってリアルタイムで集計及び処理できるようになった。現在、「映画館入場券統合電算ネットワーク」に連動されている映画館は、全国のスクリーンの93％で、その中には241映画館の1,671スクリーンが含まれる。このシステムの登場で、映画産業における資金流れの透明性が高まり、映画制作への投資も増大したた

図表4-12　配給会社の現況（2010年）

順位	配給会社	本数	観客数(%)	売上額(%)
1	CJエンターテインメント	44	27.8	28.0
2	20世紀フォックスコリア	12	10.9	12.3
3	ロッテエンターテインメント	26	10.6	9.8
4	ワーナーブラザーズコリア	13	9.2	8.9
5	ソニーピクチャーズコリアリリーシングブエナヴィスタ	22	9.2	9.9
6	NEW(Next Entertainment World)	18	7.2	6.7
7	ショーボックス	10	6.8	6.5
8	シナジーハウス	15	3.4	3.3
9	サイダスFNH	12	3.4	3.2
10	UPIコリア	12	2.5	2.5
	その他	298	9.1	8.9
	合計	482	100	100

出所：映画振興委員会（2011a）

め、間接配給システムは次第に減少するようになった。

3　コンテンツ流通の変動

(1) 劇場以外のチャネルにおける映画の流通

　韓国におけるビデオ市場規模は2005年現在4,566億ウォンで前年に比べると16%も減少した。また2004年まで毎年成長してきたDVD市場の規模も2005年には867億ウォンで前年と比べて20%の減少を記録した[5]。ビデオ市場規模が減少するのは世界共通の現象と言えるが、DVD市場まで減少することは、韓国に蔓延している違法コピーやインターネットを通じた違法ダウンロードの問題が大きいと指摘されている（文化観光部、2007a：230－231）。その一方で、インターネットの普及で定額制の有料ダウンロードサービスが増加したこともビデオとDVD市場の縮小に影響しているため、インターネットの普及が映像コンテンツの否定的な流通だけを招いているわけで

はないことを物語っている。2007年現在、ダウンロードを通じた映画の有料サービスを提供している代表的な企業には「ダウンタウン」、「シネロドットコム」、「シネフォクス」、「パランドットコム」、「Cyworld」、「クラブボックス」などが存在しており、主に定額でダウンロード数を無制限にしているところが多い（ジョン・ヒョンジュン、2007：31）。サービスされる映画の数はまだ少ないが、これから成長可能性を持つサービス方法であることは間違いないようだ。また、前章の放送の部分でも言及したが、通信会社が運営しているIPTVの登場によりインターネット回線を通じた映画の流通も進化を遂げている。劇場の公開からテレビ画面で映画が見られるまでの時差はほとんどなくなっている。2010年からこのような傾向が現れており、現在は劇場とIPTVの同時公開の場合、IPTVでの視聴料金が「1万ウォン」と劇場より若干高めであるにもかかわらず、劇場で反応がよい映画はIPTVでも成功する可能性があると言われている。また、子どもを対象にしているアニメ映画などもIPTVで同時公開した場合反応がよいジャンルと言われている（『ムーヴィー・ウィーク』、2012.8.27）。

(2) 映画の輸出入と韓国産映画の市場支配力の変動

韓国映画の輸出は放送番組の輸出歴史に比べるとかなり以前から行われてきた。1960年代には輸出実績を上げるために、一定量以上輸出を行った業者だけに外国映画の輸入を許可する「輸入クォータ制度」を実施し、また、1970年代に映画振興公社が設立されてからは、海外市場の開拓のために香港に海外事務所を設置して、韓国映画広報パンフレットを作成しては海外に配るなど積極的な海外市場開拓の政策を立案した。実際、図表4－13を見ても1970年代前半の輸出本数は、韓流現象が起きた2000年以降よりも多く、240本ほどにまで達していたことがわかる。しかし、輸出される映画1本当たりの値段を見ると、その当時は海外市場で韓国映画が商品として高く評価されていたとは思えない（図表4－13）。また、図表4－14は1970年代から現在までの韓国映画の輸出額と外国映画の輸入額を示したものだが、輸出総額の変動を見ても1970年代の輸出総額の規模はかなり小さく、輸出された本数の割りには実際の成果に結びついていなかったことがわかる。

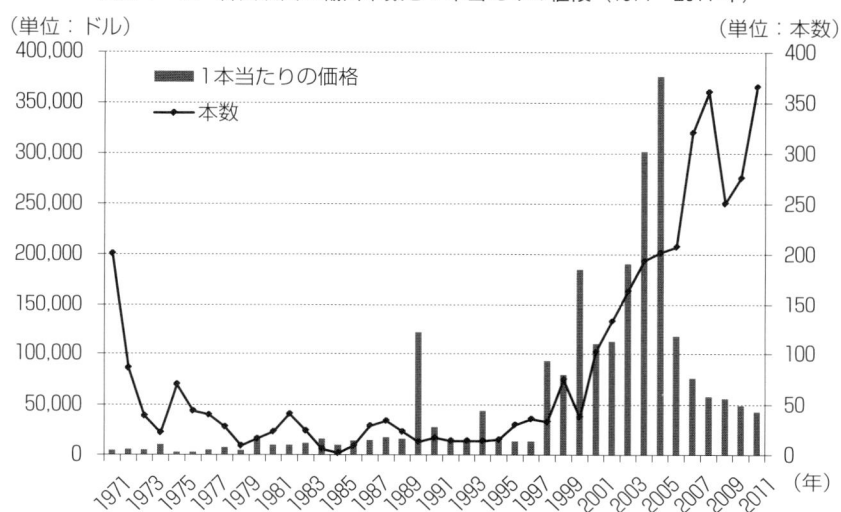

図表4－13　韓国映画の輸出本数と1本当たりの値段（1971～2011年）

出所：1971年～1995年のデータは映画振興委員会（2000a）を参照、1996年～2006年のデータは映画振興委員会（2007a）を参照、2007年～2009年のデータは映画振興委員会（2010）を参照、2010年～2011年のデータは映画振興委員会（2011a）を参照して作成

　その後、韓国の映画輸出額が大幅に増えはじめたのは1990年代後半からであり、2005年には一時期外国映画の輸入額を上回ることもあった。図表4－13が示しているように、輸出映画1本当たりの平均値段は2005年をピークに再び減少傾向にある。しかし、輸出本数は2009年に1回落ち込んでいるものの、増加傾向を辿っている。これから推測できるのは日本における韓国映画ブームが落ち込んだことが大きく影響しているという事実である。

　特に2001年日本で韓流現象が起きて以来、日本に集中して映画が販売されたが、現在は日本における興行成績の低迷で1本当たりの値段が安くなり、再び輸入額が輸出額を上回っている（図表4－14を参照）。それでも日本がいまだ韓国においては最も大きいマーケットであることは図表4－15から確認することができる。

　映画産業が韓国に入ってきて以来、常に外国映画に国内市場を掌握されていた韓国で、輸出額が輸入額を上回るほど韓国映画が国際社会で評価されたことは経験したことのない大きな事件であった。現在は再び輸出額が落ち込

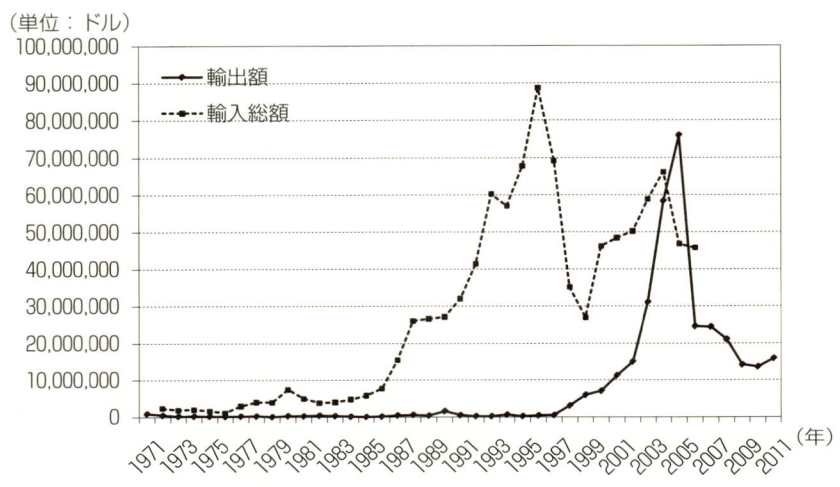

図表4-14　映画輸出入額の変動状況（1971～2011年）

（単位：ドル）

凡例：
- ●── 輸出額
- ●┄┄ 輸入総額

＊2006年以降の外国映画輸入総額のデータは入手不可
出所：1972年～1995年のデータは映画振興委員会（2000a）を参照、1996年～2006年のデータは映画振興委員会（2007a）を参照、2007年～2009年のデータは映画振興委員会（2010）を参照、2010年～2011年のデータは映画振興委員会（2011a）を参照して作成

んでいるものの、国際映画祭における韓国映画の評価と認知度は年々高くなっている。

　一方、韓国における外国映画の輸入は1980年代後半から自由化されて以来、急激に輸入本数が増加しはじめた。図表4-16によると、一時期は20～30本当たりに抑えられていた輸入本数が1986年から増加しはじめ、1996年には500本近くまで達していた。韓国で経済危機があった1990年代後半からは段々減少する傾向にある。また、輸入映画の1本当たりの値段は変動が激しいが、5,000ドルから250,000ドルの間を10年周期で落ち込んだり上昇したりしている。

　韓国に輸入された外国映画は50％以上をアメリカ製が占めている。そして、1998年に日本の大衆文化の輸入が許可されてからは、日本映画がそれに次いでいる。日本映画が50年近く韓国の映画マーケットに存在していなかったことを考えると、規制が緩和されてすぐ市場支配力を持った日本映画の存在感は大きいと言える。しかし、図表4-18は韓国映画市場における実

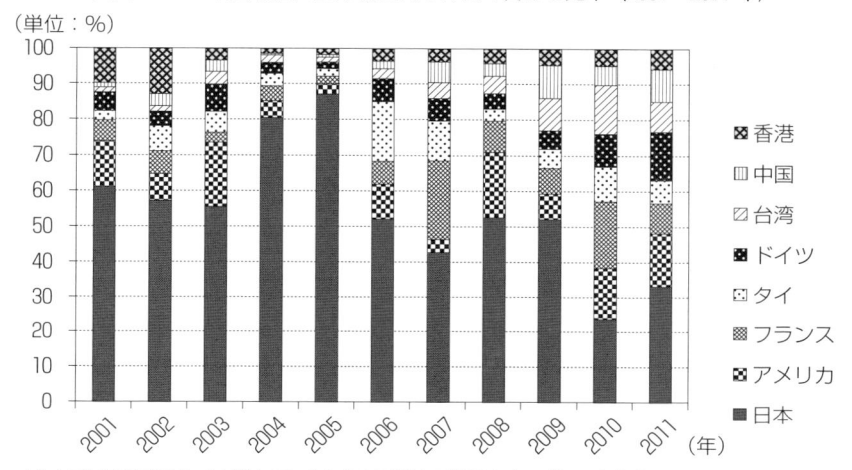

図表4−15　韓国映画の主な輸出先8カ国の占める比率（2001〜2011年）
（単位：％）

凡例：香港、中国、台湾、ドイツ、タイ、フランス、アメリカ、日本

＊8カ国以外の国のデータは除いて、主な8カ国だけで100％にし、グラフを作成
出所：2001年〜2004年のデータは映画振興委員会（2006a）を、2005年と2006年のデータは映画振興委員会（2006b）を参照、2007年〜2011年のデータは映画振興委員会（2008）、映画振興委員会（2009）、映画振興委員会（2010）、映画振興委員会（2011a）を参照して作成

質的な市場支配力を示している。公開される外国映画の数が多いことと、映画の実際の観客動員数は区別される問題であろう。韓国映画への観客動員数の観客全体の中の比率は、1990年代の前半期に最低の水準を記録し20％にも満たなかったものの、1999年頃から大幅に増加し40％程度まで成長した。以降、韓国映画の観客動員数の比率は年々伸び続け、2011年現在は50％以上を記録している（図表4−18参照）。これはアメリカとインドのような映画大国に続く記録であり、図表4−19によると、映画産業政策に力を入れているフランス、そして長い歴史を持つイギリス、経済大国である日本をしのぐ記録である。

　例えば、2004年のデータによると、韓国は他主要国に比べて映画制作本数が多いとは言えない。また、映画1本の制作にかける費用もアメリカ、日本、イギリス、フランスに比べると少ないのである。しかし、国内市場における自国映画の占有率は90％を超えているアメリカとインドを除いて最も高い比率であり、アメリカの会社から直接配給されたアメリカ映画の比率も

図表4-16　韓国における外国映画の輸入本数と1本当たりの値段（1984～2005年）

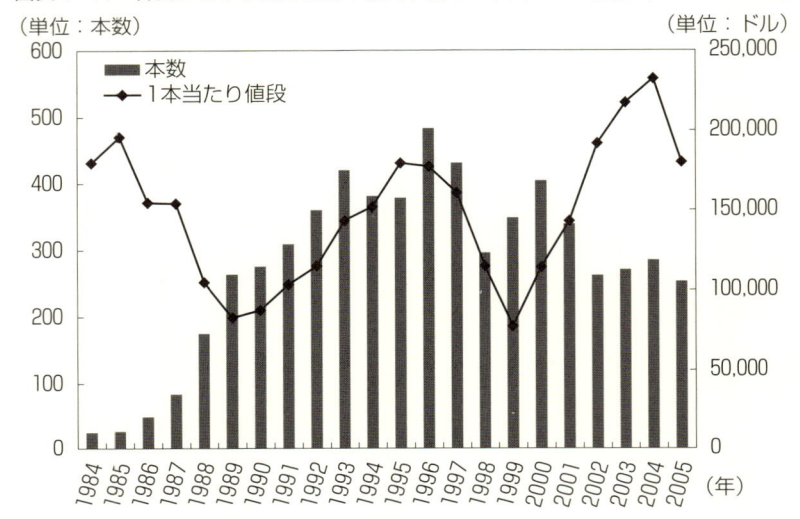

出所：1984年～1992年のデータは映画振興委員会ホームページを、1993年～1999年のデータは文化観光部（2004）を、2000年～2005年のデータは文化観光部（2007a）を参照して作成

図表4-17　韓国における外国映画の主な輸入先の変動（2000～2005年）

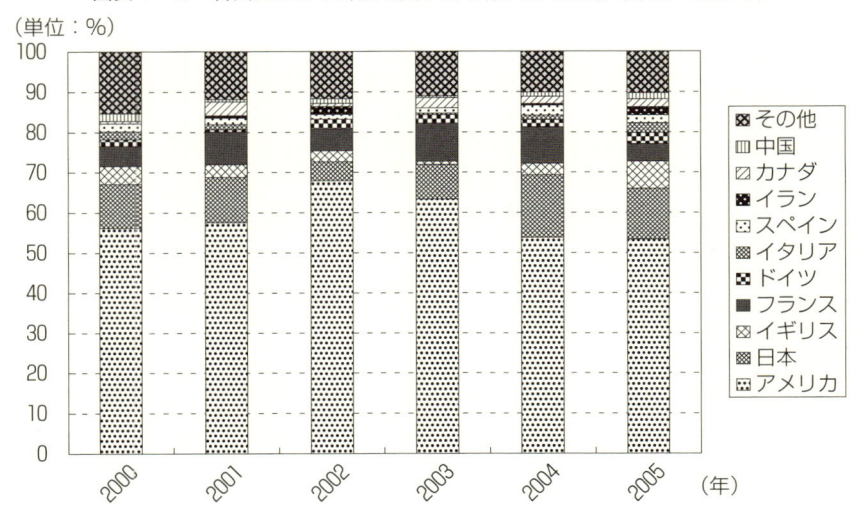

出所：映画振興委員会ホームページを参照して作成

図表4-18 外国映画と韓国映画の観客動員比率の推移(1990〜2011年)

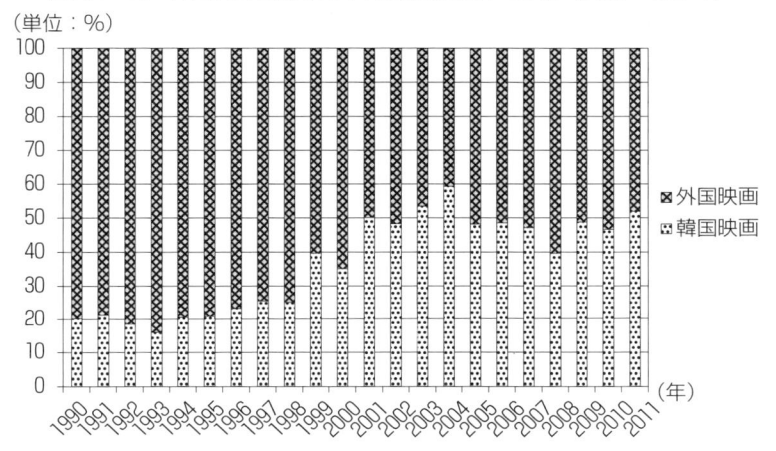

(単位：%)

＊2007年と2008年のデータはソウル地域だけの統計
出所：1990年〜1998年のデータは金美林(2001)を参照、1999年〜2006年のデータは映画振興委員会(2007a)を参照、2007年〜2011年は映画振興委員会(2007b)、映画振興委員会(2008)、映画振興委員会(2009)、映画振興委員会(2010)、映画振興委員会(2011a)を参照して作成

低い方である。つまり、韓国は主要国に比べても、映画の国内市場において国産映画の影響力が大きい国の一つであり、アメリカ映画の影響力も最小限に抑えている国の一つであると言える。

図表4-19 2004年の主要国の映画産業の現況

(単位：ドル/百万ドル)

区分	アメリカ	日本	イギリス	フランス	ドイツ
制作本数	611	310	133	203	121
平均制作費(百万ドル)	98.00	5.00	13.30	6.40	8.20
公開本数	475	649	451	560	430
1人当たり観覧回数	5.20	1.33	2.90	3.33	1.90
平均劇場料金(ドル)	6.25	11.46	8.23	7.24	7.09
劇場売上(百万ドル)	9,539.20	1,949.84	1,410.51	1,411.02	1,110.85
自国映画占有率(%)	93.9	37.5	23.4	39.0	23.8
アメリカ映画占有率(%)	93.9	56.3	73.1	47.4	69.7
スクリーン数	36,594	2,825	3,342	5,302	4,870
アメリカ直接配給会社の占有率(%)		n.a.	69.8	36.9	72.0
スクリーン当たり人口数(人)	8,081	45,103	18,085	11,440	16,926
ホームビデオ市場規模(百万ドル)	25,432.00	7,625.39	5,731.09	2,690.72	2,172.80
映画市場規模(百万ドル)	34,305.00	9,575.23	7,141.60	4,101.74	3,283.65
映画市場規模の中の劇場の比率(%)	27.3	20.4	19.8	34.4	33.8
区分	スペイン	イタリア	オーストラリア	韓国	インド
制作本数	133	134	15	82	946
平均制作費(百万ドル)	2.40	2.10	6.50	3.63	0.10
公開本数	530	369	318	268	1141
1人当たり観覧回数	3.50	1.90	4.60	2.78	2.88
平均劇場料金(ドル)	5.98	7.37	7.30	5.48	0.33
劇場売上(百万ドル)	859.67	832.30	667.89	740.85	1,026.00
自国映画占有率(%)	13.4	20.3	1.3	59.4	92.5

アメリカ映画占有率（％）	69.8	61.9	85.9	41.2	7.5
スクリーン数	4,388	3,171	1,909	1,451	12,000
アメリカ直接配給会社の占有率（％）	78.4	51.3	67.0	26.2	7.5
スクリーン当たり人口数（人）	9,194	18,323	10,524	33,483	90,022
ホームビデオ市場規模（百万ドル）	953.35	980.59	1,197.51	569.81	174.00
映画市場規模（百万ドル）	1,813.01	1,812.89	1,865.40	1,310.66	1,200.00
映画市場規模の中の劇場の比率（％）	47.4	45.9	35.8	56.5	85.5

出所：映画振興委員会（2005）

1) ビデオ市場とDVD市場のデータを含まなかった理由は、ビデオ市場（特にレンタル市場）規模が最も拡大していた1990年代には劇場用映画市場の1.5倍から3倍近くの規模まで成長していたため、そのデータを入れると映画市場の正確な把握に困難を招く恐れがあると判断したからである。また、映画年鑑にビデオ市場に関する記述が示されはじめたのは、すでにビデオ市場規模が3,700億ウォン程度と推計される1990年の映画年鑑からである。1990年の劇場用映画産業の規模が1,391億ウォンにすぎなかったことを考えると、それ以前のビデオ市場規模のデータが確保されていないのに1990年のデータからいきなりビデオ市場の規模を映画市場に合わせることは無理があると判断した。
2) 韓国で「マルチプレックス」と呼ばれている。
3) 映画業（制作、輸入、配給、上映）をしようとする者は、映画振興法により文化観光部に申告しなければならない。
4) 「CJエンターテインメント」は「CGV」と「プリマース」を、「ショーボックス」は「メガボックス」を、「ロッテエンターテインメント」は「ロッテシネマ」を運営している。
5) ビデオ・DVD部門の売上とビデオレンタル店、ビデオ鑑賞室数の変動、映画ダウンロードサービスサイトに関する動向は、第五部資料Ⅴを参照。

第三部
映像コンテンツ政策の歴史と概要

第5章 政府による規制

1 所有規制

(1) 放送産業の所有規制

　韓国における放送局は、韓国が当時置かれていた特有の歴史的状況から、韓国政府の樹立と共に政府の公報機関としての役割が与えられた。そして、それは軍部クーデタにより樹立された朴正煕（パク・チョンヒ）政権の時代に最も強化され、放送は「文化」ではなく「公報」の担当部署に所属する時代が続いた。このような当時の状況から、1963年に制定された放送法上で、放送局の所有に関する問題が議論されるはずもなかった。その後、朴大統領の死も民主化に結びつかず、また新たな軍事政権が1980年代に登場したが、この時期の韓国の放送も「公共」放送の仮面をかぶった「官営」放送と評価されている（李範煥、1998：408）。1980年11月、新軍部勢力は「言論統合」という措置を通じて、当時の民間放送だった東洋放送（以下 TBC）と東亜放送（以下 DBS）を国営放送の KBS に統合するなど強制的に言論組織をまとめ、政府による統制力を強めた（李範煥、1998：414）。放送局の所有に関する規定はこの時期に新しく公表された言論基本法に明記されはじめた。当時の言論基本法第3章の第11条では「言論企業の経営」に関して、第12条では「言論企業の経営禁止」に関して言及することで放送局経営の資格基準が設けられた。また、第14条では外国資本による放送局所有規制が明記されている。

　以下は、1980年から1987年まで施行された言論基本法の第3章の第11条と第12条、第14条である。

> 第3章第11条 （言論企業の経営）
> 法人ではない場合、定期刊行物を発行したり放送を行うことはできない。ただし、特殊日刊新聞、特殊週刊新聞と新聞、通信ではない定期刊行物として大統領令が定める場合には例外とする。
>
> 第3章第12条 （言論企業の経営禁止）
> ①誰でも新聞・通信・放送の中で2種以上を兼業できず、同一系列の企業に新聞・通信・放送の中で2種以上企業の2分の1以上の株式や持分を所有することはできない。ただし、法律で設立された特殊法人の場合には例外とする。
> ②発行人および放送局の長は毎年の年末に該当言論企業の財産状況を公告し、その内容を文化公報部長官に提出しなければならない。
>
> 第3章第14条 （外国資金の流入禁止）
> 言論企業は外国人または外国の政府や団体から寄付金、賛助金、その他いかなる名目でも財産上出捐を受けることができない。ただし、外国の教育、体育、宗教、慈善その他国際的親善を目的とする団体からの出捐として文化公報部長官の承認があるものと商業広告の場合には例外とする。

出所：法制処ホームページ

　これらの条項によると誰にでも新聞・通信・放送の中で2種以上の兼業を禁止し、外国人や外国の団体による財政的な出捐を禁じた。「官営」放送とまで称された放送局に変化が訪れたのは、その後1980年代後半に新しく登場した盧泰愚（ノ・テウ）政権の時からである。この時期には前政権の残像を消すために言論基本法を廃止、少々修正を加えて新しく放送法を制定し放送の重要性を目立たせた。この法では放送局の経営に関する条項は、法人でない者にも持株をある程度までは許可するなど規制を緩和した。しかし、外国資本の規制に関する条項は部分的な修正はあったものの、以前の言論基本法における内容と基本的に同じ方針だった。
　以下は、1987年に制定された放送法の中で放送局の経営と外国資金に関する項目を抜粋したものである。

第2章第6条 （放送局の経営）
①特別法により設立された法人や大統領令が定める同一放送網に属する放送法人ではない者は、放送法人が発行した株式や持分総数の100分の49を超過して所有することはできない。
②国家や地方自治団体または特別法により設立された法人や宗教の宣教を目的として許可された放送法人ではないものは特殊放送を行うことができない。

第2章第7条 （放送法人の経営禁止）
①放送法人は定期刊行物の登録などに関する法律第7条の規定による日刊新聞または通信を兼営できない。
②放送法人の理事の中でその相互間に民放第777条に規定された親族関係や妻の3寸以内の血族関係にある者、または直系卑属の配偶者がその総数の3分の1を超えることはできない。

第2章第8条 （外国資金の流入禁止）
放送法人は外国人または外国の政府や団体から寄付金、賛助金、その他いかなる名目でも財産上出捐を受けることができない。ただし、外国の教育、体育、宗教、慈善その他国際的親善を目的とする団体からの出捐として文化公報部長官の承認を得た場合にはその限りではない。

出所：法制処ホームページ

　その後、法律上の所有規制が大きく整備されたのは、2000年に新しく制定された放送法からである。主に変わった点は、所有規制に関する条項が細分化され、外国資本の流入を一定範囲内で許可したことである。2000年、新たな放送法が登場した背景には、技術革新や多チャンネル化、市場開放など急激に変動する放送環境に従来の法律ではカバーできない領域が増えたことが挙げられる。同法では、それを象徴しているかのように、第2章第8条、第13条と第14条の所有に関する規制において、各媒体別に異なる基準が設けられた。まず、第2章第8条で、総合編成と報道に関する専門編成を行う放送事業を除いたその他放送事業に対しては、大企業・言論社および外国資本の参入を一定比率まで許した。また、地上波放送・総合有線放送・衛星放送を行う事業者間の相互兼営を制限的に許すなど規制緩和を行った。そして、第2章第14条では、外国資本の流入に対しても従来の全面禁止から一転、

[2000年新放送法]
第2章第8条　（所有制限など）
① 放送事業者が株式を発行する場合には記名式にすべきである。
② 誰も大統領令が定める特殊な関係にある者（以下、特殊関係者とする）が所有する株式または持分を含めて総合編成または報道に関する専門編成を行う放送事業者の株式または持分総数の100分の30を超過して所有することはできない。
ただし、次の各号の1に該当する場合にはその限りではない。
1．国家または地方自治団体が放送事業者の株式または持分を所有する場合
2．特別法によって設立された法人が放送事業者の株式または持分を所有する場合
3．宗教の宣教を目的とする放送事業者に出資する場合
③ 第2項の規定にもかかわらず、大規模企業集団の中で大統領令が定める基準に該当する企業集団が属する会社（以下、大企業とする）とその系列会社（特殊関係者を含む）または定期刊行物の登録などに関する法律による日刊新聞や通信を経営する法人（特殊関係者を含む）は総合編成または報道に関する専門編成を行う放送事業を兼営またはその株式や持分を所有することはできない。
④ 大企業とその系列会社または定期刊行物の登録などに関する法律による日刊新聞か通信を経営する法人は彼らと特殊関係者が所有する株式または持分を含めて総合有線放送事業者および衛星放送事業者の株式または持分総数の100分の33を超過して所有することはできない。
⑤ 地上波放送事業者・総合有線放送事業者および衛星放送事業者は市場占有率または事業者数などを考慮して大統領令が定める範囲を超過して相互兼営したりその株式または持分を所有することはできない。ただし、地上波放送事業者と総合有線放送事業者は相互兼営したりその株式または持分を所有できない。
⑥ 総合有線放送事業者・放送チャンネル使用事業者および伝送網事業者は市場占有率または事業者数などを考慮して大統領令が定める範囲を超過して相互兼営したりその株式または持分を所有できない。
⑦ 総合優先放送事業者は市場占有率または事業者数などを考慮して大統領令が定める範囲を超過して、違う総合有線放送事業を兼営またはその株式または持分を所有できない。
⑧ 放送チャンネル使用事業者は市場占有率または事業者数などを考慮して大統領令が定める範囲を超過して、違う総合有線放送事業を兼営またはその株式または持分を所有できない。
⑨ 政党（政党法による地区党を含む）は放送事業者の株式または持分を所有

できない。
⑩ 第5項および第8項の規定による兼営禁止および所有制限対象者には彼らの特殊関係者を含む。
⑪ 第2項および第9項の規定に違反して株式および持分を所有した者はその所有分または超過分に対する議決権を行使できない。

出所：法制処ホームページ

第2章第14条　（外国資本の出資および出損）
①地上波放送事業と総合編成または報道に関する専門編成を行う放送チャンネル使用事業および中継優先放送事業を行う者は次の各号に該当する者から財産上の出資または出損を受けられない。ただし、放送事業者および中継優先放送事業者が放送委員会の承認を得た場合には教育・体育・宗教・慈善その他国際的親善を目的とする外国の団体から財産上の出捐を受けられる。
　ア．外国の政府や団体
　イ．外国人
　ウ．外国の政府や団体または外国人が大統領令に定める比率を超過して株式または持分を所有している法人
②総合優先放送事業・衛星放送事業・放送チャンネル使用事業（総合編成または報道に関する専門編成を除く）を行う者は該当法人の株式または持分総数の100分の33を超過して第1項各号に該当する者から財産上の出資または出捐を受けることはできない。
③伝送網事業をする者は該当法人の株式または持分総数の100分の49を超過して第1項各号に該当する者から財産上の出資または出捐を受けることができない。

出所：法制処ホームページ

　外国資本の流入を限定的に許容するなど規制緩和の方向に転じた。例えば、総合有線放送事業と衛星放送事業、放送チャンネル使用事業には33％まで、そして伝送網事業は49％まで外国資本の出資が可能となった。
　その後も毎年放送法が改正され、外国資本に対する規制も緩和の方向を向いている（図表5-1参照）。それは1990年代まで放送産業に対する外国資本の流入を全面禁止していたことに比べると大幅な規制緩和と言える。実際、他国の放送産業に対する外国資本の規制と韓国の2001年の規制内容を比較しても、その自由度に違いがあまりないことがわかる。韓国が2000年代に

図表5-1 放送法における2000年と2004年の外国人所有の制限比率

	放送法（2000年）	改正（2004年）
地上波放送	全面禁止	全面禁止
ケーブル放送（SO）	33%	49%
衛星放送	33%	33%
放送チャンネル使用事業者（PP）	49%	49%

出所：チェ・ジョンファ（2004）、9頁

図表5-2 主な国における外国人所有規制の現況（2001年）

地域	国	規制内容
OECD国	韓国	・地上波放送、中継有線放送、総合および報道チャンネル：禁止 ・衛星放送：33%所有制限 ・伝送網事業、放送チャンネル使用事業（総合および報道チャンネルを除く）：49%所有制限
	日本	・地上波放送許可および番組プロバイダーの承認に対する制限 　1）外国人、外国政府および外国法人 　2）外国人または外国団体が幹部である法人および会社 　3）全体投票権の1/5以上が1）に該当する個人または団体にある場合 ・ケーブルテレビに対する外国人所有制限は1999年にすべて撤廃
	オーストラリア	・地上波商業放送社に対する外国人経営は禁止（外国会社の総持分率を20%に制限、外国人理事選任20%制限） ・有料テレビに対する外国人一人の持分を20%に制限し、外国人全体の持分を35%に制限
	アメリカ	・外国人には地上波放送の免許不可 ・外国人所有持分が20%以上である企業、外国人の持分が25%以上である他企業によって統制される企業に対しては地上波放送免許不可（ケーブルテレビ、衛星放送は20～49%の範囲に制限）
	カナダ	・地上波放送、ケーブルテレビ、衛星放送、ラジオに対して20%以上の所有持分を制限、親会社に対しては33.3%の所有制限
	メキシコ	・49%所有持分の制限
	イギリス	・全国および地域の商業テレビ、国内衛星放送、全国および地域アナログラジオ放送は、イギリス国民およびEC会員国国民またはそれと同様の国に登録された法人に制限 ・ケーブルテレビ、非国内衛星サービス、テレビ／ラジオデジタルマルチフレックスサービス、デジタルテレビ番組サービス、デジタルサウンド番組サービスに対しては外国人所有規制なし

	フランス	・EU会員国ではない外国人の放送社資本および放送社の免許を所持した会社資本の20%所有制限
	ドイツ	・放送事業者に対する免許は番組内容がドイツ内の多様な意見を反映する条件でのみ承認 ・また、地上波放送およびケーブルテレビ免許はドイツ国内人およびヨーロッパ人に優先権を付与。したがって、規定はないが事実上EU地域以外の外国人所有は不可能
	スペイン	・地上波放送に対して25%の所有持分の制限(EU資本は外国資本と扱わない) ・ケーブルテレビは25%以上外国人が持分を所有する際には政府の承認が必要
	ギリシャ	・会社の本部はEU国に置かなければならないし、また法的な代表者の中で最低一人はギリシャの居住者であること
	オーストリア	・EU以外の外国人企業はケーブルテレビおよび衛星放送に対して49%の所有持分の制限がある ・民営ラジオ放送局の場合、外国人に対して25%の所有持分の制限がある
	ポーランド	・外国人および33%以上を外国人が持分を所有している会社は所有禁止
	スイス	・スイス居住の外国人あるいはスイスに本部を置いた外国法人のみに放送免許を承認する(スイス人に同等な権利を認める国に限る)
その他アジア国家	中国	・合作あるいは合作の形態を通じた放送制作は許容、放送送信分野は所有禁止
	台湾	・地上波放送は20% ・ケーブルテレビと衛星放送に対する直接投資は50%、台湾現地登録法人を経由する場合には残りの50%の間接投資も許容
	シンガポール	・放送事業に対する外国人持分所有の上限は3%
	インド	・地上波放送:外国人、外国人共同経営者(パートナー)がいる会社およびインドに設立されていない会社には許可、所有および経営を禁止 ・衛星放送およびその他放送サービス:49%まで外国人投資を許容(ただし、経営権はインド人株主またはインド企業にあるべき)
	インドネシア	・民営テレビ放送:所有権はインドネシア国民およびインドネシア国民によって所有されている会社に制限(外国人投資は49%まで許容)
	マレーシア	・地上波放送に対する外国人投資を禁止
	タイ	・外国人所有禁止(ただし、外国メディア企業の地域メディアに対する株式保有は許容)

＊OECD 29カ国中11カ国(ベルギー、チェコ、デンマーク、フィンランド、アイルランド、イタリア、オランダ、ニュージーランド、ノルウェー、ポルトガル、スウェーデン)は外国人に対する所有規制はない。ハンガリー、アイスランド、ルクセンブルク、トルコの4カ国は資料がない
出所:OECD国家の場合OECD(2001)、その他アジア国家はチェ・ヒョンチョル(2001)、韓国の資料は現行法

第5章 政府による規制

入っていかに短期間で開放の一途をたどったのかがうかがえる（図表5-2参照）。

(2) 映画産業への参入規制

　1962年に制定された映画法は、政府が文化に対する統制を強化しようとした試みが強く反映されたものだった。同法では、制作業者・輸入業者・輸出業者は登録制にして、制作業者が映画を制作する場合には事前に公報部長官に申告するようにした。しかし、翌年の改正では、制作・輸入・輸出業者を束ねて映画業者と称し、国に登録した業者に対する基準を設け、映画産業への新規参入を制限した。その基準というのは、その業者がどれほど制作能力があるかを評価するもので、専用のスタジオや録音機、そして専属の監督と俳優がないと映画業者として認めないというものであった。また、制作環境を整えて映画業者として登録したとしても、もし年間15本以上の映画を制作できない場合には、登録が抹消されるなど映画産業への参入は厳しいものだった。この時期の映画輸入は、政府から推薦をもらっていない映画は輸入することができず、また国に登録された映画業者でないと輸入業ができないようにした。この規定により、それまで70社以上存在していた映画関連会社は16社にまとめられた（ヤン・ヨンチョル、2006：52）。このような厳しい参入規制に対して、多くの映画人は映画法への反対と制作の自由を訴えたものの、政府は映画会社を統合して登録基準を強化することで映画資本を形成するという名目で強い統制を長期間にわたって実行した（キム・ハクス、2002：200）。その後1966年の改正で、映画業者を映画制作業者と輸入業者に分類して輸入業に対する資格制限を一度は解除したものの、1973年の全面改正では一時的に姿を消していた映画業者という用語を持ち出し、映画業者ではない場合には外国映画の輸入推薦を受けられないように制作と輸入を再び一元化した。制作業と輸入業の分離と一元化は外国映画の存在感が大きかったこの時代の韓国映画業界において重要な意味を持っていた。韓国映画より外国映画の方が興行成績を上げやすいことから制作業と輸入業の分離と一本化は産業構造と資金の流れに多大な影響を与えるものだった。外国映画の輸入権を受け取るために仕方なく国産映画を制作する制作会社も現れ、し

図表5−3　映画産業における所有規制・参入規制の変動

改正時期	参入方法	所有や参入への欠格事項	映画制作への参入	制作業と輸入業
1962.1.20	登録	×	事前申告	分離
1963.3.12	登録	×	事前申告	一元化
1966.8.3	登録、施設基準規定	韓国の国籍を持っていない者 外国の法人または団体 上記に該当する者が代表者になっているか、議決権を行使できる法人または団体	事前申告（台本提出）	一元化
1970.8.4	登録、施設基準規定	韓国の国籍を持っていない者 外国の法人または団体 上記に該当する者が代表者になっているか、議決権を行使できる法人または団体	事前申告（台本提出）	分離
1973.2.16	許可	×	事前申告（台本提出）	一元化
1984.12.31	登録	韓国の国籍を持っていない者 外国の法人または団体 上記に該当する者が代表者になっているか、議決権を行使できる法人または団体	事前申告	分離
1986.12.31	登録	禁治産者・限定治産者 破産宣告を受け復権されていない者 映画法に違反して罰金以上の刑の宣告を受けその刑の執行が終了および執行を受けないことが確定してから1年が経過していない者、または刑の執行猶予の宣告を受けてその期間中にある者 上記の1および3番目の事項に該当する者がその代表者となっているか議決権を行使できる法人または団体	事前申告	分離
1995.12.30	登録	未成年者 禁治産者・限定治産者 破産宣告を受け復権されていない者 映画法を違反して罰金以上の刑の宣告を受けその刑の執行が終了および執行を受けないことが確定してから1年が経過していない者、または刑の執行猶予の宣告を受けてその期間中にある者 上記の1および3番目の事項に該当する者がその代表者となっているか議決権を行使できる法人または団体	独立映画だけ事前申告	分離
1999.2.8〜現在	申告	×	×	分離

出所：映画法、映画振興法、映画およびビデオ物の振興に関する法律を参照して再構成

まいには映画業者として登録できなかった零細な制作会社に少ない資金を与えて映画制作を依頼し、できあがった映画を自分たちの映画として公開する「貸名映画」[1]というものを作らせ、利益は主に輸入業から得る会社も現れた（ヤン・ヨンチョル、2006：53）。その後、映画の制作業と輸入業が完全に分離されたのは、1984年に入ってからである。

　一方、映画産業に対する外国人参入規制は1966年に全面改正された映画法から登場しはじめた。同法の第5条によると、韓国国籍がない者や外国の法人および団体は、映画制作業者として登録が禁止された。この条項は1986年の改正で廃止され、外国人にも映画業への参入が許可されると共に、外国映画を輸入する際に輸入業者に賦課されていた国産映画振興資金[2]の制度が廃止された。これらの改正は、政府の外国映画に対するものであり輸入開放政策によるもので、実際この規制が緩和されてから外国映画の輸入が飛躍的に増加しはじめた。現行法である「映画およびビデオ物の振興に関する法律」においては、映画の制作・輸入・配給・上映をする業者は申告制になっており、誰でも自由に参入できるようにしている。

　つまり、映画産業において最も規制が多かった時期は1973年から1984年の間であるものの、ほとんどの規制が取り除かれる1999年以前までは、映画産業への参入と制作に関する規制が存在していた。1999年の映画振興法の全面改正による規制の撤廃は、自由な競争環境を構築したという点において、政府が映画産業を規制の対象や公報の手段というよりは付加価値を生む産業として認識しはじめ、制度的な支援体制を整うために行ったものであると言える（図表5－3）。

2　コンテンツ規制

(1) 放送産業

1）内容規制

　所有規制と同様、韓国の番組内容に関する規制の歴史も長い。1963年に放送法が制定された時から編成に関する審議機関を設置、放送局は審議機関の審議を経て編成の方針を決めることになっていた。また、法律に明示され

図表5-4　1970年代放送の報道・教養番組に対する法外的措置

年度	形式	内容
1972年	発表	・ドキュメンタリーは国論統一を妨害する政治的事件のテーマを扱わないこと
1973年	談話	・健全な社会気風の造成を先導する報道の強化 ・社会教養ものを1日1本以上編成
1974年	実践要綱	・国論分裂、主体性を妨害するもの、経済秩序や労使紛争を誘発する番組を禁止
1974年	通達	・放送原稿1年、録画は1カ月間保管（緊急措置細部規定）、事前審議の義務化
1975年	行政指導	・政策適用の時間帯を新設
1976年	行政指導	・時間帯編成指針を発表

出所：ジョ・ハンゼ（2003）の179頁

放送浄化の方針

1. 国家安保を中心とした放送編成を志向
2. 公共秩序維持のための放送の先導的役割
3. 国民相互間における相互扶助の精神の振興を図る
   ［禁止事項］
   ・国論分裂
   ・主体性の喪失
   ・経済秩序や労使紛糾の誘発
   ・伝統的史観の歪曲
   ・退廃風潮を助長

出所：李範璟（1998）、376頁

ていない法外的措置が番組の内容規制に大きな影響を及ぼした。1970年代にも、韓国政府は「発表」、「談話」、「実践要綱」、「通達」、「行政指導」などの形式で番組の内容を統制した。これらの法外的措置は、「放送の浄化」を名目にしており、具体的には図表5-4のように決められていた。

また、放送局経営や人事にも政府が関与し、文化公報部を中心とした情報機関の放送局査察も並行して行われた。特に政府が重点的に取り締まった部分は、マスコミが国家安全保障や国論の分裂など政治的な体制に対する批判

図表 5-5　放送関連法律に規定されたジャンル別編成規定の変動

	1981〜1987 年 (言論基本法施行令)	1988〜1999 年 (放送法施行令)	2000 年 (放送法)	2001 年 (放送法改正)
報道	10% 以上 (1 週間放送時間比率)	10% 以上 (1 週間放送時間比率)	10% 以上 (1 カ月放送時間比率)	×
教養	40% 以上 (1 週間放送時間比率)	40% 以上 (1 週間放送時間比率)	30% 以上 (1 カ月放送時間比率)	30% 以上 (1 カ月放送時間比率)
娯楽	20% 以上 (1 週間放送時間比率)	20% 以上 (1 週間放送時間比率)	50% 以下 (1 カ月放送時間比率)	50% 以上 (1 カ月放送時間比率)

出所：言論基本法、放送法を参照して作成

的な内容を報道することであった。

　1980 年には放送法は廃止され新たに言論基本法が制定されたものの、番組審議機能は一層強化された。韓国政府は放送委員会により審議委員会を設置し、事前・事後の審議を行って審議規定を違反した放送局と関係者に対して懲刑を要求することができた。また、言論基本法には、報道・教養・娯楽放送の 1 週間の編成時間比率が決められ、その比率は法律改正と共に変動してきた。現在は報道番組に関しては特別な規定を設けておらず、教養番組は若干減らす方向に、娯楽番組は 50% を超えないように基準を設けている（図表 5-5 参照）。言論基本法に設けられていた審議の機能は 2000 年の改正放送法からは廃止され、各放送局が自主的に番組を審議できる機構を設け、番組が放送される前に審議するようにしている（2000 年に改正された放送法第 86 条）。

　一方、外国番組に関する規制も存在していた。法律上で外国番組に対する直接的な規制はなかったものの、1980 年には政府から外国番組編成の縮小が命じられた。1980 年、新しく登場した軍事政権は、各放送局に対して「編成 1761-3706 号」という公文を通じて放送番組改編と放送浄化指針を伝えた。その内容は、浄化計画の目標と基本方針により教養番組を全体放送時間の 47.5% まで上げると共に、セマウル運動[3]、青少年関連、軍隊関連放送を強化、または反共、経済、科学番組を強化する反面、連続ドラマと娯楽番組、そして外国番組を縮小するように指示するものだった（ジョン・スン

イル／ジャン・ハンソン、2000：133）　そのため、この時期の外国番組編成の上限は15％程度に設けられ、夜8時から10時までのプライムタイムから外国番組は姿を消すことになった（ソ・キョンア、1995：25）。外国で制作された番組に対する輸入・編成と関連した規制が初めて成文化されたのは、1989年の放送法改正の時である。1989年の放送法改正により放送番組の編成は大統領令が定める基準によって、外国から輸入された番組は全体放送時間の20％を超えない範囲内（ただし、報道・時事・教養記録物および運動競技中継に関する番組は比率の計算に入れない）で編成するように定められた。また、外国の番組を輸入する際にも公報処長官の輸入推薦を受けるように定められた。しかし、1970年代にはまだ放送局における番組制作能力が整っておらず、外国から輸入された番組の視聴率は国内で制作されたものより高かったため、放送局は競争するようにプライムタイムに外国番組を編成せざるを得なかった。この時期の法外的な措置による外国番組の編成比率の制限は、国内放送産業の活性化を図るための政策というよりは、体制維持のための手段にすぎなかったものの、実際、1970年代後半からはプライムタイムにおける輸入番組の編成比率は大きく減り、1980年代半ばからほとんど編成されなくなった。それが2000年の放送法では外国番組の編成上限比率を決めるのではなく、国産番組の義務編成比率を定める方向に変わり、輸入推薦の制度も撤廃した。

　図表5−6は、法律上に外国番組編成に関する項目が登場した1989年以降の、外国番組の編成と国内で制作された番組の編成に関する比率の変動を表したものである。最初の10年間は外国番組の編成が毎週放送時間の20％以下になるよう厳しく制限されていたが、新しく登場したメディアに対しては地上波放送より緩和された基準を適用し、輸入された番組の生産国が1カ国に集中しないように図るなど、2000年以降からの法律の内容が緩和と多様化の方向に見直されたことがわかる。

　外国番組やコンテンツの内容に関する規制とは別に、放送産業に対する支援制度として輸入番組の編成問題を扱いはじめたのは、1990年に新しく制定された放送法からである。1990年に改正された放送法の第31条によると、放送局は放送の編成において外国から輸入された番組を大統領令が定めた比

図表 5-6　放送法に現れた外国番組編成比率の変動

	1989～1999 年	2000 年～現在
外国番組編成に対する規制	20%（毎週全体放送時間の中で）	×
国産番組の編成比率	×	● 地上波放送事業：毎月全体放送時間の 80% ● 地上波放送を除いた放送事業：毎月全体放送時間の 50% ● 外国映画・アニメおよび大衆音楽中一つの国で制作された映画・アニメおよび大衆音楽を分野別に月間放送時間の 60% 以内で放送
国産番組のジャンル別編成比率	×	● 地上波放送事業 　➢ 映画：20%～40% 　➢ アニメ：30%～50% 　➢ 大衆音楽：50%～70% ● 地上波放送事業以外 　➢ 映画：30%～50% 　➢ アニメ：40%～60% 　➢ 大衆音楽：50%～80%

出所：法制処ホームページ

率を超過しないようにすべきであると規定した。放送法施行令ではより具体的にその比率を示した（図表 5-7）。

　図表 5-7 によると、輸入番組に対する編成規制が緩和されはじめたのは、2000 年の放送法改正からである。それまでは外国から輸入された番組を規制するという形式だったものが、2000 年からは国内で制作された番組の編成比率を決める形式に変わった。2000 年の改正によって、放送事業者の種類と番組のジャンルによって編成比率が細かく規定されると同時に、輸入番組の中で 1 カ国で制作された番組を一定時間内の編成枠に収めるようにした。これは、輸入元の多様化を通じて視聴者の権利を保障するための政策である。つまり、この制度は国内の番組制作の編成の機会を増やし、競争力を増進させると共に、国内放送産業における文化の多様性を図るために施行された政策であると言える。

　実際、この政策を導入する前と後の地上波放送局における外国番組輸入の状況は、以下の図表 5-8 と図表 5-9 の通りである。

図表 5-7　放送法施行令における輸入番組編成規制と国内制作番組の編成規定

改正時期	内容
1990. 9. 3	・外国から輸入したテレビ放送の場合、毎週全体放送時間の 100 分の 20 を超えない範囲で毎年公報処長官が定めて告示する比率で編成する。
2000. 3. 13	・放送事業者は国内で制作された番組を次の範囲内で放送委員会が告示する比率以上で編成すべきである。 １．地上波放送事業：毎月全体放送時間の 100 分の 80 ２．地上波放送事業を除いた放送事業：毎月全体放送時間の 100 分の 50 ・放送事業者は国内で制作された映画・アニメおよび大衆音楽を次の範囲内で放送委員会が告示する比率以上で編成すべきである。 １．地上波放送事業の場合 　（ア）映画：全体放送時間の 100 分の 20～100 分の 40 　（イ）アニメ：全体アニメ放送時間の 100 分の 30～100 分の 50 　（ウ）大衆音楽：全体大衆音楽時間の 100 分の 50～100 分の 70 ２．地上波放送事業を除いた放送事業の場合 　（ア）映画：全体放送時間の 100 分の 30～100 分の 50 　（イ）アニメ：全体アニメ放送時間の 100 分の 40～100 分の 60 　（ウ）大衆音楽：全体大衆音楽時間の 100 分の 50～100 分の 80 ・放送事業者は外国から輸入した映画・アニメおよび大衆音楽の中、１カ国で制作された映画・アニメおよび大衆音楽を分野別に月間放送時間の 100 分の 60 以内で放送委員会が告示する比率を超過しないように編成すべきである。 ・放送委員会は第１項および第３項の規定による編成比率を告示する場合に文化観光部長官と合意すべきである。
2004. 9. 17 ～現在	・放送事業者は国内で制作された番組を次の範囲内で放送委員会が告示する比率以上編成すべきである（改訂 2004. 9. 17/2007. 8. 7）。 １．地上波放送事業および地上波放送チャンネル使用事業者：毎月の全体放送時間の 100 分の 60～80 ２．総合有線放送事業者および衛星放送事業者：毎月の全体放送時間の 100 分の 40～70 ３．地上波放送チャンネル使用事業者を除いた放送チャンネル使用事業者：該当チャンネルの全体放送時間の 100 分の 20～50 ・放送事業者は年間放送される映画・アニメおよび大衆音楽のうち、国内で制作された映画・アニメおよび大衆音楽を次の範囲内で放送委員会が告示する比率以上編成すべきである。ただし、宗教または教育に関する専門編成を行う放送事業者の場合には国内で制作された映画・アニメを該当チャ

	ンネルの年間全体映画放送時間およびアニメ放送時間の100分の40以下の範囲内で放送委員会が告示する比率以上を編成すべきである（改訂 2001.3.20/2004.9.17）。 3．地上波放送事業の場合 　（ア）映画：全体放送時間の100分の20〜100分の40 　（イ）アニメ：全体アニメ放送時間の100分の30〜100分の50 　（ウ）大衆音楽：全体大衆音楽時間の100分の50〜100分の80 4．地上波放送事業を除いた放送事業の場合 　（ア）映画：全体放送時間の100分の30〜100分の50 　（イ）アニメ：全体アニメ放送時間の100分の40〜100分の60 　（ウ）大衆音楽：全体大衆音楽時間の100分の50〜100分の80
2004.9.17 〜現在	・地上波放送事業者は該当テレビ放送チャンネルで年間に放送される全体番組のうち、国内で制作されたアニメを該当チャンネルの全体放送時間の100分の15以下で放送委員会が告示する比率以上新規で編成すべきである。ただし、KBSまたはMBC、そして直前3の事業年度の平均売り上げ額が3,000億ウォン以上である地上波放送局の場合、年間に放送される全体番組のうち、国内で制作されたアニメを該当チャンネルの全体放送時間の100分の1以上新規で編成すべきである（新設2004.9.17/2006.3.10/2007.8.7）。 ・放送事業者は外国から輸入した映画・アニメおよび大衆音楽の中、一カ国で制作された映画・アニメおよび大衆音楽を分野別に月間放送時間の100分の60以内で放送委員会が告示する比率を超過しないように編成すべきである。 ・放送委員会は第1項および第3項の規定による編成比率を告示する場合に文化観光部長官と合意すべきである。

出所：放送法を参照して作成

　上記の図表5-9によると、2000年の放送法改正を境に輸入される番組の生産国が多様化していることがわかる。例外的に2000年に放送法の改正が行われる前にアメリカからの輸入番組の割合が大きく減少し、日本からの輸入番組の割合が大きく増加した1998年には特殊な条件が重なった。1997年に韓国を襲った経済危機により輸入された番組の本数が減ったことと、この年から始まった日本の大衆文化の部分的な開放政策が一時的に影響したのである。上記の両図表のデータから国別平均を算出すると、1993年から1999年にはアメリカと日本からの輸入番組の割合が高かったが、2000年から2005

図表 5−8　地上波放送局における放送番組輸入国の現況（1993〜1999 年）

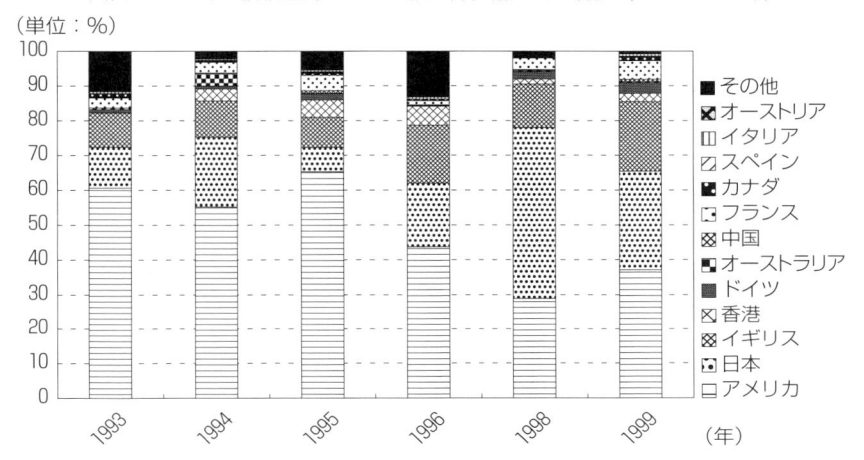

凡例：その他、オーストリア、イタリア、スペイン、カナダ、フランス、中国、オーストラリア、ドイツ、香港、イギリス、日本、アメリカ

出所：ジョン・ユンキョン（2003）を参照して作成

図表 5−9　地上波放送局における放送番組輸入国の現況（2000〜2005 年）

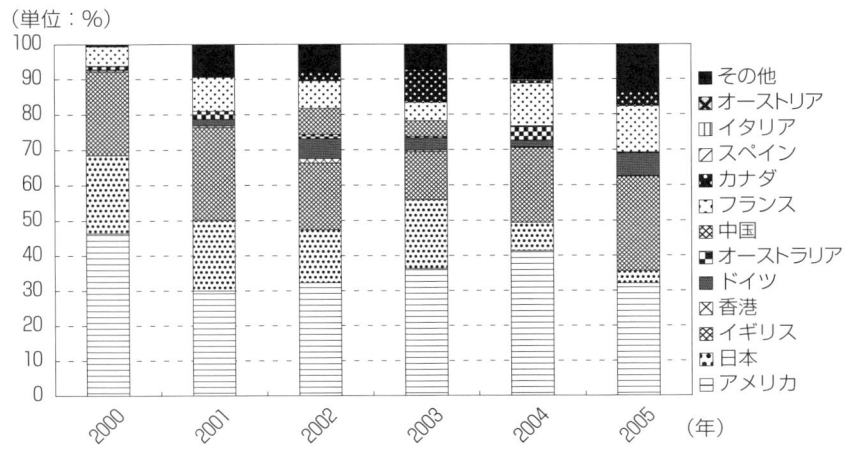

凡例：その他、オーストリア、イタリア、スペイン、カナダ、フランス、中国、オーストラリア、ドイツ、香港、イギリス、日本、アメリカ

出所：ジョン・ユンキョン（2003）、放送委員会（2002）、放送委員会（2003）、放送委員会（2004）、放送委員会（2005b）、放送委員会（2006a）を参照して作成

年にはその 2 カ国以外の国にもその比率が分散されていることがわかる（図表 5−10 参照）。

　具体的に言えば、アメリカからの輸入番組の比率は減っている反面、イギ

第 5 章　政府による規制　│　93

図表5-10　1993～2005年における輸入番組の原産国の割合

(単位：％)

国	1993年～2000年	2001年～2005年
アメリカ	48.5	36.4
日本	22.4	14.7
イギリス	13.0	21.8
香港	3.0	0.5
ドイツ	1.5	3.2
オーストラリア	0.8	1.5
中国	0.3	2.0
フランス	3.4	8.9
カナダ	0.7	2.8
スペイン	0.1	0.0
イタリア	0.4	0.1
オーストリア	0.1	0.0
その他	5.8	8.1

出所：ジョン・ユンキョン(2003)、放送委員会(2002)、放送委員会(2003)、放送委員会(2004)、放送委員会(2005b)、放送委員会(2006a)を参照して作成

リスやドイツ、オーストラリア、中国、フランス、カナダ、その他の国々からの輸入番組は増加傾向にある。1カ国からの輸入番組の集中を排除しようとしたこの政策は、目に見える形で「番組輸入傾向の変化」という成果を挙げていると言える。

2）日本の大衆文化の輸入禁止

長年にわたり日本の大衆文化の輸入を禁止してきたことも、韓国における放送産業政策の一つの特徴として挙げられる。韓国政府は日本の植民地支配から独立して以来1998年に至るまで、民族の主体性を保つためということで日本の大衆文化を一切排除していた。しかし、日本の大衆文化を法律上では禁止していても、違法コピー流通や衛星放送のスピルオーバーを通じて韓国社会に流入したり、韓国の放送番組が日本の番組の素材や内容を剽窃した

図表5−11　放送分野における日本の大衆文化開放（1998年〜現在）

時期	内容（放送関連）
全面禁止： 1945年〜1998年9月	放送関連については全面禁止
第1次開放： 1998年10月	
第2次開放： 1999年10月	
第3次開放： 2000年6月	全媒体におけるスポーツ、ドキュメンタリー、報道番組を開放
第4次開放： 2004年1月	・地上波放送：生活情報、教養番組、両国共同合作ドラマ、韓国国内における日本人歌手の公演の中継、日本歌手が国内番組に出演した場合、韓国国内映画上映館で公開された映画の放送。 ・ケーブルテレビと衛星放送：地上波放送で許容された番組、ドラマは「全年齢視聴可」「7歳以上視聴可」「12歳以上視聴可」の番組、大衆歌謡はすべて許容、韓国国内で公開された映画・アニメの放送。

出所：法制処ホームページを参照して作成

りしてきたことが長年議論されてきた。1990年代後半に入ってからは、これ以上日本の大衆文化を拒み続けるよりは、開放して受け入れた方が、韓国の大衆文化の競争力を高めることにつながるとの議論も現れはじめ、日本の大衆文化の開放に向けた議論が本格化された（ジャン・インソク、1998：71）。日本の大衆文化が韓国の放送に正式に登場したのは2000年以降である。その時期にはすでに国内放送産業の成長がある程度行われ、国内における国産番組の競争力はかなり整っていた。日本の大衆文化輸入の禁止装置があったため、韓国では国内市場における日本の放送番組と国産番組の競争を長年免れることができたのである。

　図表5−11は日本の大衆文化輸入が全面的に禁止されはじめた1945年から、最近の開放政策の内容を放送産業における開放だけに焦点を合わせてまとめたものである。放送番組の場合、人々に直接与える影響力が大きいという理由で、3回目に行った開放からがその対象となった。

(2) 映画産業
1) 内容規制

　初期の映画産業における内容規制は「検閲」という言葉に換えることができるだろう。1962年の映画法の制定時には検閲の条項はなかったものの、憲法で「公衆道徳社会倫理のためには映画や演芸に対する検閲をすることができる」という条項を設けることで、事実上の検閲が可能な制度が整えられていた。映画法の中に検閲の条項が設けられたのは1966年の全面改正の時であった。1984年からは「検閲」という言葉が「審議」に換えられ、1997年に改正されるまで続いた。その後は一定基準に満たないものを排除するのではなく、観覧可能な年齢別に映画の等級を分類することで多様な映画の存在を認める方針に変わった。

　図表5−12はこれらの法律条項をまとめたものである。

　以上から、韓国における映画の内容規制は軍事政権の時代から統制されはじめ、規制緩和が本格的になったのは1990年代後半になってからであることがわかる。

2) 日本の大衆文化の輸入禁止

　放送産業と同様に映画産業においても日本映画の輸入は長年禁止されてきた。しかし、地上波放送よりはメディアとしての影響力が若干少ないことと、放送番組よりは芸術作品として認められる部分があったため、放送番組より2年早い1998年から国際映画祭受賞作を中心に開放されはじめ、現在は日本映画すべてが自由に流通する状態である。図表5−13は、日本映画に対する規制がどのような段階で規制緩和されてきたのかを示したものである。

　日本映画の輸入が全面的に開放された2004年から2005年までに韓国で公開された日本映画の内訳を詳しく調べてみると、いくつかの傾向が読み取れる。まず、1999年映画『Love Letter』が高い興行成績を記録し、それ以来岩井俊二監督の映画が多く公開されるようになった。また、北野武監督の映画も、監督作・出演作共に多く公開されている。北野武監督の作品の公開が多かったのは、韓国における日本映画の開放段階の中で、国際映画祭受賞作だけが公開できた時期から紹介されたため、親密感と共に作品性に対する評

図表5-12　映画の内容規制の変遷

改正(制定)時期	用語	内容
1962.1.20	上映許可	・公演者が映画を上映しようとする時には各令に定める内容に基づいて事前の公報部長官の許可を得なければならない。 (1962年改正憲法第18条第2項：公衆道徳と社会倫理のためには映画や演芸に対する検閲をすることができる)
1966.8.3	検閲	・公報部長官は映画を検閲する場合、次の各号に該当すると認められる場合にはその合格を決定しないか、該当部分を削除して合格を決定することができる。 1. 憲法の基本秩序に違背するか国家の権威を損傷する恐れがある場合 2. 公序良俗を害したり社会秩序を乱す恐れがある場合 3. 国際間の友誼を毀損する恐れがある場合 4. 国民精神を解弛する恐れがある場合
1984.12.31	審議	・映画は上映前に公演法により設置された公演倫理委員会の審議を受けるべきである。 1. 審議されていない映画は上映を禁止 2. 審議された映画をテレビ放送に放映しようとする場合には放送審議委員会の検閲を受けるべきである。
1997.4.10〜現在	上映等級の分類	・映画は上映前に韓国公演芸術振興協議会から上映等級を付与されるべきである。

出所：歴代憲法、映画法、映画振興法、映画およびビデオものの振興に関する法律を参照して作成

図表5-13　映画分野における日本大衆文化開放（1998年〜現在）

時期	内容（映画関連）
全面禁止： 1945年〜1998年9月	全面禁止
第1次開放： 1998年10月	・映画：日韓合作映画[4]、日本の俳優が出演する韓国映画、4大国際映画祭（カンヌ、ベネチア、ベルリン、アカデミー）受賞作 ・ビデオ：劇場で上映された映画のビデオ
第2次開放： 1999年10月	・映画：公認された国際映画祭[5]受賞作と「全体観覧可」判定の映画（アニメは除く）
第3次開放： 2000年6月	・映画：「18歳未満観覧不可」映画を除いたすべての日本映画 ・アニメ：国際映画祭受賞作 ・ビデオ：成人物を除いたすべてのビデオ
第4次開放： 2004年1月	・映画、音盤、ゲームを全面開放 ・劇場用アニメ：2年間の猶予期間をおいて2006年から全面開放

出所：ジョ・ヒョンソン（2003）を参照して作成

図表 5-14　2004～2005 年に公開された日本映画の内訳

2004 年		2005 年	
公開日	タイトル	公開日	タイトル
2004-01-30	座頭市	2005-02-25	血と骨
2004-02-17	新雪国	2005-03-04	ヴァイブレータ
2004-04-07	天空の城ラピュタ（アニメ）	2005-03-25	いま、会いにゆきます
2004-04-09	バトル・ロワイアルⅡ鎮魂歌	2005-03-25	69 sixty nine
2004-04-09	恋愛寫眞 Collage of Our Life	2005-04-01	遊戯王 Yu-Gi-Oh!（アニメ）
2004-04-23	降霊	2005-04-01	誰も知らない
2004-04-23	アカルイミライ	2005-04-28	平成狸合戦ぽんぽこ（アニメ）
2004-04-23	弟切草	2005-04-29	着信アリ 2
2004-04-23	御法度	2005-04-29	あずみ 2
2004-04-30	赤い橋の下のぬるい水	2005-05-05	ごめん
2004-05-26	PERFECT BLUE（アニメ）	2005-05-13	2 LDK（DUEL～対決～『2 LDK』vs『荒神』）
2004-06-04	完全なる飼育〜女理髪師の恋〜	2005-05-13	荒神（DUEL～対決～『2 LDK』vs『荒神』）
2004-06-11	メトレス・愛人/Maitresse	2005-06-23	リリィ・シュシュのすべて
2004-06-25	陰陽師Ⅱ	2005-06-23	スワロウテイル
2004-06-25	あずみ	2005-06-23	undo
2004-07-09	着信アリ	2005-07-07	CASSHERN
2004-07-09	千年女優（アニメ）	2005-07-08	少女～an adolescent（SHOUJYO＝AN ADOLESCENT）
2004-08-06	みんな〜やってるか！	2005-08-04	スチームボーイ（アニメ）
2004-08-13	あの夏、いちばん静かな海。	2005-09-02	下妻物語
2004-08-20	3-4 x 10月	2005-09-22	トニー滝谷
2004-09-10	地獄甲子園	2005-10-14	完全なる飼育〜愛の五重奏〜
2004-09-10	ホテルビーナス	2005-11-03	ラストシーン
2004-10-08	世界の中心で、愛をさけぶ	2005-11-23	東京タワー
2004-10-08	イノセンス（アニメ）	2005-12-02	トパーズ
2004-10-29	ジョゼと虎と魚たち		
2004-11-17	花とアリス		
2004-12-10	六月の蛇		
2004-12-23	ハウルの動く城（アニメ）		

出所：映画振興委員会（2006 a）を参照して作成

図表5−15　日本映画の公開本数の変動（1998〜2011年）

年	公開本数
1998年	2
1999年	4
2000年	25
2001年	24
2002年	13
2003年	18
2004年	28
2005年	24
2006年	35
2007年	59
2008年	39
2009年	31
2010年	58
2011年	45

＊前年度から繰越された映画は除く。
出所：1998年〜2005年のデータは韓国映画振興委員会（2006a）を、2006年〜2011年のデータは映画振興委員会のホームページを参照して作成

価が高く現れた結果であると推測される。そして、日本の大衆文化の開放政策が施行される以前にすでに日本で公開された映画を改めて韓国で公開するケースが多かった。国際映画祭受賞作に加え一般の映画が公開できるようになった2000年からは、『Shall We ダンス？』、『踊る大捜査線』など、以前日本で高い興行成績を収めた映画が公開される傾向を示し、宮崎駿監督のアニメもこの頃から公開されはじめた。また、公開される日本映画の中でアニメが占める比率が高く、2004年には17.9％、2005年には12.5％を占めるなど、日本映画の代表的なジャンルとして定着している。そして、シリーズ物の公開も多い。『ポケモン』や『リング』シリーズに続いて、『踊る大捜査線』、『着信アリ』、『あずみ』や『完全なる飼育』なども前後作が続いて公開

図表5-16　日本映画のマーケットシェア変動（1998～2004年）
（単位：％）

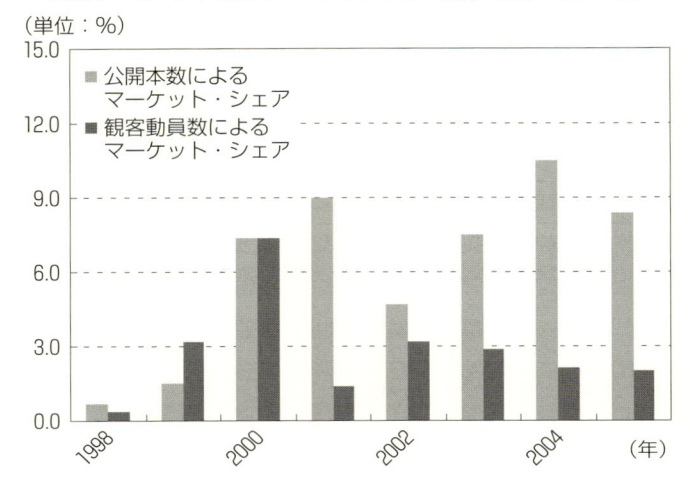

出所：映画振興委員会ホームページを参照して作成

された（金美林、2007c）。

　韓国で日本映画が公開されはじめて以来、公開本数は徐々に増え、現在は毎年公開される本数が30本から50本の間で落ち着いており、輸入される外国映画の中では常に2番目に多い量と興行収入を占めている。しかし、公開される映画の本数と観客動員数によるマーケット・シェアを比較すると、実際には2000年を境に日本映画の韓国市場における市場支配力は衰えているのが現状である。それは、2000年以降、韓国映画の市場支配力が大きく拡大しはじめたことに原因があると思われる。

1) 映画会社が義務制作本数を満たすために、他の会社に名義だけを貸して映画を制作させること。
2) 国産映画振興資金とは、1970年代から1980年代半ばまで実施されていた制度。国際映画産業を振興させるために、外国映画の輸入時に輸入業者に課せられていた納付金のこと。
3) 1970年代に韓国で始められた新しい村づくり運動。朴正煕（パク・チョンヒ）政権の「維新体制」を支える重要な政策。
4) 合作映画とは、20％以上を出資しているなど映画振興法上の要件を満たす場合と、

韓国の映画人が監督や主演俳優として関わっている映画のことを示す。
5) 文化観光部が明らかにした公認された国際映画祭とは、韓国映画振興委員会の補償金の支給対象である13の映画祭と国際映画制作者連盟（FIAPF）が認める70の映画祭を示している。

第 6 章 放送産業に対する支援政策

1　法律の整備

　放送法が制定されたのは、1963年のことである。同法はそれ以降、数回の改正と廃止、再度の制定など政治的な変動と共にその内容を変えてきた。改正は放送産業の様々な側面に及んでいるが、ここでは韓国放送産業における規制と支援政策に焦点を合わせた部分を取り上げることにする。

　1963年に制定された放送法は、放送の倫理や審議に関する基準や内容を主とする短いものであった。その後、1964年に改正された放送法では、内容規制のための放送倫理委員会設置の条項が一時的に廃止されていたが、1973年の改正では放送倫理委員会の設置と審議に関連した規定を強化した。これは、1963年に政権を握った朴正煕（パク・チョンヒ）政権が1971年に国家非常事態を宣言して言論を掌握するまで、一旦は言論との対立を避けて妥協の道を選んでいたことが法律の内容にも反映されたものであった。朴正煕政権は1971年に放送を浄化するという名目で、「倫理的要素の高揚」という統制の根拠を準備した。具体的には、放送の公共性と啓導性が強調され、国家施策・反共・セマウル運動に関係した教養部門の編成を増やし、また、当時の監督機関であった文化公報部長官の監督機能を強化、放送局が審議の決定事項に違反した場合の放送局免許の再許可に彼らの影響を及ぼすことができるようにした（李範璟、1998：378）。そして、1973年に改正された放送法は、それまで漢字によって構成されていた法律の全文をすべてハングルに変え、形式の面においても当時の政府が標榜していた民族主義的姿勢を表した。

　その後、新しく登場した軍部勢力である全斗煥（チョン・ドゥファン）政権は、更なる言論統制のため「言論統廃合」というメディアを強制的に統合した措置を発令すると共に、放送法を廃止して1980年に言論基本法という

新たな法律を制定した。言論基本法には、審議機関である放送委員会の設置条項と共に、放送倫理委員会をさらに規制・監督機能が強化された放送諮問委員会へ変更する条項などが加えられた。この法律は、全斗煥政権が退くまでの 7 年間存在したのち廃止された。

　1987 年に再度制定された放送法では、審議機関だった放送委員会と放送審議委員会を廃止して、独立的な権限が与えられた審議・議決・規制機関としての放送委員会を発足させた。また、それまで韓国放送公社は「視聴料」を受信機所持者から徴収してきたが、1987 年の放送法からは放送委員会の監督の下でその名を「受信料」に変え、電波受信に関する料金の徴収を法制化した。そして、この時期の放送局の経営に関連して外国資本の流入禁止条項のような参入に関する規制も設けられた。

　1991 年からは民営放送がスタートするということもあり、1990 年に行われた改正では民営放送の新設を想定した規定を整備し、放送会社の株式および持分に関する条項を細分化した。また、外国から輸入した番組の編成比率を法制化したことも大きな変化である。具体的な条項内容は以下の通りで、後に輸入番組に対する編成比率の規制は国内放送番組の編成比率の条項に変わる（以下、1990 年改正放送法第 5 章第 31 条と 2000 年に改正された放送法第 5 章第 71 条を参照）。1990 年に行われた改正でもう一つ注目すべき条項は、外注制作番組の義務編成条項である。外注制作制度は、韓国放送市場の最も深刻な問題点と指摘されてきた地上波放送局の垂直統合の構図を緩和させるための政策であった。当時の韓国における放送局は番組制作と編成、そして流通のすべての工程を独占的に支配していたため、放送産業における制作および流通市場の活性化に否定的な影響を及ぼしたと言われてきた。また、社会の多元化と市場の細分化、チャンネルの増加といった現実の問題に対応するためにも、外注制作制度の義務化は一つの解決策として提案されてきた（キム・ジェヨン、2003：163-165）。しかし、放送産業の活性化という当初の政策目標とは裏腹に制作会社と放送局の間には従属的な関係が続くなど、様々な問題点が指摘されている。

　1990 年の改正以降にも放送法は 3 回ほど改正が行われてきたが、急変する放送環境の現実に既存の放送法が追いつかなくなり、2000 年に入ってか

[1990.8.1 放送法]
第5章第31条　放送順序の編成等
① 放送順序の編成は政治・経済・社会・文化など各分野の利益が均衡のとれた適切な比率で表現できるようにするべきである。
② 放送局は放送順序の編成において大統領令で定める基準により教養、または教育・報道および娯楽内容を含むべきであり、その種類によって放送順序の相互の間調和を図るべきである。ただし、特殊放送の放送プログラム編成においては許可された主な放送事項が十分反映されるようにするべきである。
③ 放送局は放送順序の編成において外国から輸入された放送順序が全体放送順序で占める比率が大統領令の定める比率を超えないように編成すべきであり、国内で該当放送局でない者が制作する放送プログラムが全体の放送プログラムで占める比率が大統領令の定める比率以上になるよう編成すべきである。

[2000.1.12 放送法]
第5章第71条　国内放送番組の編成
① 放送事業者は該当チャンネルの全体番組のうち、国内で制作された番組を大統領令が定めた基準の一定比率以上を編成すべきである。
② 放送事業者は年間放送される映画・アニメおよび大衆音楽のうち、国内で制作された映画・アニメおよび大衆音楽を大統領令が定める基準の一定比率以上を編成すべきである。
③ 放送事業者は国際文化受容の多様性を保障するため外国から輸入した映画・アニメおよび大衆音楽を一つの国家で制作した映画・アニメおよび大衆音楽が大統領令の定める基準に従い、一定比率以上を超過できないように編成すべきである。
④ 第1項および第3項の規定による放送番組の編成比率は放送媒体と放送分野別の特性を考慮して差を設けない。

出所：法制処ホームページ

らそれまでの放送法を廃止し、従来の放送法・総合有線放送法・有線放送管理法・韓国放送公社法に分散していた放送法関連法体系を統合して新規制定が行われた（法制処ホームページ参照）。2000年に新規に制定された放送法には、上述した国内放送番組の編成率の規定や外注制作制度が盛り込まれ、国内放送の競争力の強化を図った。また、放送映像産業の振興基盤を整えるた

め、放送発展基金の設置と助成、運用に関する条項を設けた(以下、2000年改正放送法第3章第36条〜第38条を参照)。2000年に改正された放送法におけるもう一つの特徴は、総合有線放送事業とその他の放送事業に対して、大手企業や言論会社および外国資本の参入を一定比率認め、それまで禁止していた地上波放送・総合有線放送・衛星放送を行う事業者間の相互兼営を制限的に許容するなど規制を緩和したことである。特に、外国資本に対しては1963年に初めて放送法が制定されて以来一貫して流入が固く禁じられていたことを考えると、2000年の放送法制定が持つ意味は深いと言える。

　その後2000年から2008年現在まで合計17回の法改正が行われたが、その主な内容は放送と通信が融合されたサービスが増える現実に対応するためのものが多い。具体的には、「放送」に関する根本的な定義の見直し、新たに登場したサービスに対する規定と規制や許可の問題、規制機関の整備などを挙げることができる。

[2000.1.12　放送法]
第3章第36条(放送発展基金の設置)
　委員会は放送振興事業および文化・芸術新興事業のため放送発展基金(以下、"基金"という)を設置する。
第37条(基金の助成)
① 基金は次の各号の財源で助成する。
　　1. 第2項および第3項の規定による徴収額
　　2. 第12条第3項による地域事業権料
　　3. 放送事業者の出捐金
　　4. 第19条の規定による課徴金の徴収額
　　5. その他収入金
② 委員会は地上波放送事業者から大統領令の定めに従って、放送広告売上額の100分の6の範囲内で基金を徴収することができる。
③ 委員会は衛星放送事業者から大統領令の定めに従って、年売上額の100分の6の範囲内で基金を徴収することができる。
④ 委員会は商品紹介と販売に関する専門編成を行う放送チャンネル使用事業者から大統領令の定めによって該当年度決算上営業利益の100分の15の範囲内で基金を徴収することができる。
⑤ 第1項第1号および第2号の財源に対しては放送事業者の放送運用の公共

性と収益性などを基準に放送事業者別にその徴収率の差などを策定することができる。
⑥　委員会は第2項の規定による基金徴収を韓国放送広告公社法による韓国放送広告公社（以下、"韓国放送広告公社"とする）または、大統領令が定める放送広告販売代行社に委託することができる。
第38条（基金の用途）
　基金は次の各号の1の事業に使用される。
　1．教育放送およびその他公共を目的と運営される放送
　2．公共の目的のための放送事業者の設立および放送番組の制作
　3．放送番組および映像物制作支援
　4．視聴者が直接制作した放送番組
　5．メディア教育および視聴者団体の活動
　6．放送広告発展のための団体および事業支援
　7．放送技術研究および開発
　8．障碍人など放送疎外階層の放送接近のための支援
　9．文化・芸術新興事業
　10．言論公益事業
その他放送の公共性提高と放送発展に必要と委員会が議決した事業

出所：法制処ホームページ

　上記した法改正の大まかな内容を簡単にまとめると、図表6-1のようである。
　総合すると、放送産業と関連した法律は、1963年から1987年までの間は放送の公共的責任や内容の浄化を理由に、番組の内容や編成に関連した規制条項に焦点を当て改正された。特に、1980年から1987年まで存在していた「言論基本法」は、国民の知る権利を保障するという名目で言論統制を正当化した法律であると評価されている。放送産業の発展とサービスに対応するための規制や政策を改正内容に盛り込みはじめたのは1990年の改正で、2000年からはその傾向が強まったと言える。

図表6-1 国内の放送番組制作活性化に関連した関連法改正

年度	概略
1963年	法律の構成は主に、放送の倫理や審議に関する基準や内容。
1964年	放送倫理委員会設置の条項を一時的に廃止。
1973年	放送倫理委員会の設置と審議に関連した規定を再び強化し、倫理規定に違反した放送局に対して謝罪・訂正・解明が要求可能。また、関係者の出演停止や執筆停止・懲罰なども要求可能に。
1980年	「放送法」を廃止し、「言論基本法」を制定。放送委員会の設置、放送諮問委員会設置。
1987年	「言論基本法」を廃止し、「放送法」を制定。役割と組織の位置づけを変えた放送委員会の再発足。
1990年	民営放送の新設を想定した規定を整備し、放送会社の株式および持分に関する条項を細分化。外国から輸入した番組の編成比率を法制化。外注制作番組の義務編成条項を設置。
2000年	国内放送番組の義務編成の比率を法制化。放送産業への参入規制緩和。放送発展基金の設置と助成、運用に関する条項。
2004年	国内放送番組の義務編成の比率を緩和。

出所：法制処ホームページを参照

2　支援組織と内容

(1) 組織

　2012年現在、放送産業の支援と育成に関する役割を果たしている機関として文化体育観光部、放送通信委員会がある。文化体育観光部は傘下の韓国コンテンツ振興院を通じて放送産業に対する支援事業を行っている。

　まず、文化体育観光部は文化産業全般を総括する政府機関である。しかし、放送が文化産業として認識されはじめたのは最近のことで、それまで放送局は国の公報機関としての役割が求められてきた。そのため、現在の文化体育観光部にあたる政府部署において文化と公報の役割が分離されるまでの1948年から1989年までのおよそ40年間にわたって、放送の位置づけは公報部の所属だった。1990年文化部が新設され、1993年文化体育部へ、そして1998年からは文化観光部、そして、2008年に現在の文化体育観光部へと

図表6－2　放送産業と関連した文化体育観光部の組織変動（1993～2009年）

年度	組織変動	下部組織
1993年～1996年	文化産業局	・映画振興課 ・映像音盤課 ・出版振興課 ・文化産業企画課 ・著作権課（1996年　移管）
1998年	文化産業局	・映画振興課 ・映像音盤課 ・出版振興課 ・文化産業総括課 ・新聞雑誌課 ・放送広告行政課
1999年	文化産業局	・映像振興課 ・文化産業総括課 ・出版新聞課 ・ゲーム音盤課 ・文化商品課
2001年	文化産業局	・映像振興課 ・ゲーム音盤課 ・文化産業総括課 ・文化コンテンツ振興課
2001年	メディア産業局	・出版新聞課
2004年	文化産業局	・文化産業総括課 ・映像産業振興課 ・ゲーム音楽産業化 ・コンテンツ振興課
2004年	メディア産業局	・文化メディア産業振興課 ・放送広告課 ・出版産業課
2005年	文化産業局	・文化産業政策課 ・映像産業振興課 ・ゲーム産業課 ・コンテンツ振興課 ・著作権課 ・文化技術人力課
2005年	メディア産業局	・文化メディア産業振興課 ・放送広告課 ・出版産業課
2006年	文化産業局	・文化産業政策チーム ・著作権チーム ・映像産業チーム ・ゲーム産業チーム ・文化技術人力チーム ・コンテンツ振興チーム
2006年	文化メディア局	・メディア政策チーム ・放送広告チーム ・出版産業チーム
2008年	コンテンツ政策官	・文化産業政策課 ・映像産業課 ・ゲーム産業課 ・コンテンツ技術人力課 ・コンテンツ振興課 ・戦略ソフトウェア課
2008年	著作権政策官	・著作権政策課 ・著作権産業課
2008年	メディア政策官	・メディア政策課 ・放送映像広告課 ・出版印刷産業課 ・ニューメディア産業課
2009年	コンテンツ政策官	・文化産業政策課 ・映像コンテンツ産業課 ・ゲームコンテンツ産業課 ・デジタルコンテンツ産業課
2009年	著作権政策官	・著作権政策課 ・著作権産業課 ・著作権保護課
2009年	メディア政策官	・メディア政策課 ・放送映像広告課 ・出版印刷産業課

出所：1993年～2005の資料は韓国文化観光政策研究院（2005）を、2006年～2008年の資料は旧文化観光部ホームページを、2009年の資料は文化体育観光部ホームページを参照

図表6-3　政府予算内での文化部門の予算比率の変動（1991～2006年）
（単位：%）

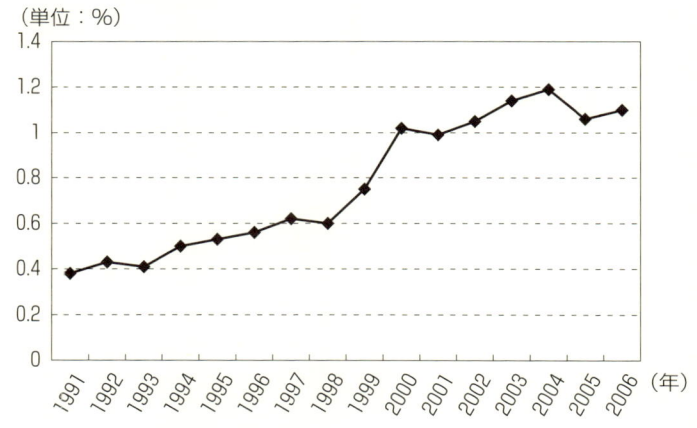

出所：文化観光部（2006b）、54頁を参照

名称が変わった。また、1998年頃から放送は産業としての重要性が認識されはじめ、この時期から本格的な放送産業育成のための支援政策が登場するようになった。1990年代までには文化関連部署も文化産業局一つだけだったものが、2001年からは文化産業局とメディア産業局に分けられ下部組織も細分化された。1993年文化産業局が設置されて以来の組織変動は図表6-2の通りである。

文化産業局が設置されて以来、下部組織は細分化される傾向にある。1993年から1996年までは一つの課で担当されていた映像と音盤の部門は、1999年から分離され、ゲーム産業も同年から振興の対象となった。また、「コンテンツ」と言う用語でアニメやマンガ、キャラクター産業に対する支援政策を立てはじめたのは2001年からである。組織の変遷から、2001年以降本格的な支援体制が整いはじめたと見られる。

文化産業に対する政府の関心の向上は、文化予算の変動にも現れている。文化予算が急激に増加しはじめたのは1998年以降で、1997年の経済危機をきっかけに高付加価値を生む文化産業と観光産業を重点的に育成しようとした政府の心意気が反映された結果と言える。文化予算が全体政府予算対比で1％を超えたのは2000年からである（図表6-3、図表6-4を参照）。政府予

図表6-4 政府予算内の文化部門の予算規模の変動（1991～2006年）

（単位：億ウォン、％）

年度	政府予算	文化観光部予算	文化観光部予算の比率	文化部門予算の比率
1991年	318,823	1,268	0.40	0.38
1992年	335,017	1,657	0.50	0.43
1993年	407,645	2,377	0.58	0.41
1994年	476,262	3,012	0.63	0.50
1995年	567,173	3,838	0.68	0.53
1996年	629,626	4,591	0.73	0.56
1997年	714,006	6,531	0.91	0.62
1998年	807,629	7,574	0.94	0.60
1999年	884,850	8,563	0.97	0.75
2000年	949,199	11,707	1.23	1.02
2001年	1,060,963	12,431	1.17	0.99
2002年	1,161,198	13,985	1.20	1.05
2003年	1,151,323	14,864	1.29	1.14
2004年	1,201,394	15,675	1.30	1.19
2005年	1,343,704	15,856	1.18	1.06
2006年	1,448,076	17,385	1.20	1.10

＊2005年均特会計新設[1]）で、文化観光部および文化部門予算の相当の割合が一般会計から特別会計に移されたため、2005年から文化観光部および文化部門予算に特別会計を含めて推計
＊2005年に青少年局が青少年委員会へ、独立記念館が国家報勳処へ移管された
出所：文化観光部（2006b）、54頁を参照

算が1991年から2006年の間、4.5倍近く増加したことに比べ、文化体育観光部の予算は10.5倍以上増えたことからも、政府が近年文化産業に注いできた関心がどの程度かうかがえる。2012年現在は、1.1％～1.2％の間で落ち着いている。

一方、上記のように増加した予算は、文化体育観光部の傘下にある旧放送映像産業振興院を通じて、放送映像産業の育成政策の開発と展開、放送専門人材の育成、放送産業に対する研究などに使われてきた。具体的には海外見

図表 6−5　韓国コンテンツ振興院の放送産業に対する支援政策

支援分野	事業名	内容
コンテンツ制作支援	放送映像コンテンツ制作支援	放送映像独立制作会社を対象に、国内外で興行可能性や受賞可能性が高い放送コンテンツに対して制作を支援
	放送コンテンツフォーマット制作支援	放送映像独立制作会社を対象に、放送番組フォーマットの制作活性化のため、これまで放送されたことのない新規フォーマットの開発費とその番組制作を支援
	放送映像コンテンツ創作基盤構築	放送番組の台本を保存するためのDB（データベース）構築とDBサービスを通じた放送映像コンテンツ分野の創作基盤を構築
	輸出用放送コンテンツ再制作支援	国内放送映像物を海外現地の規格に合わせて再制作できるように支援して海外マーケティングおよび輸出を促進。支援対象は輸出可能性の高い制作が完了された放送番組の海外版権などの権利を確保した会社
グローバル市場進出の支援	グローバルコンテンツセンター（GCC）運用	海外進出を試みている国内コンテンツ事業者を対象に、海外市場への進出時に必要な情報支援およびコンサルティング
	海外事務所を運営	海外拠点を通じたコンテンツ紹介、ネットワーク活用など海外マーケティングを支援
	国際放送文化交流支援	潜在的な市場における現地の放送局と放送コンテンツ共同制作および番組の交換放送を通じた国家イメージの向上
	マーケティング	海外マーケット参加の支援 新興市場開拓支援 国際放送映像見本市（BCWW）開催 国際コンテンツカンファランス（DICON）開催 大韓民国コンテンツアワード開催
産業基盤の強化	人材育成	3D立体コンテンツ専門人材の養成 コンテンツ創意人材同伴事業[2)] 国家戦略職種事業−放送映像、ゲーム、企画創作課程 コンテンツ専門人材の養成 サイバーコンテンツアカデミーの運営 ドラマプロデューサースクールの運営 コンテンツ融合型教育の活性化を支援 海外専門家の連携プロジェクト教育
	創意性の育成	大衆文化芸術人に対する支援センターを運営 大韓民国大衆文化芸術賞 ストーリー（物語）産業の活性化 知識サービス分野のアイデアの商業化を支援
	研究情報	コンテンツ産業の統計調査および統計情報システムの運営 コンテンツ産業の動向分析 月間の国内コンテンツ市場の動向 海外コンテンツ市場動向の調査 コンテンツ産業白書の刊行
	流通と消費	コンテンツ関連紛争の調整に対する支援 デジタルコンテンツ利用者保護活性化 コンテンツ産業の公正取引の環境調整 取引事実の認証制度活性化 コンテンツ提供サービスの品質を認証
	コンテンツR&D	技術開発の支援 事業化に対する支援 文化関連技術の認証

＊詳しい支援規模や方法に関しては資料編を参照
出所：韓国コンテンツ振興院のホームページを参照

図表6-6 1998～2000年代前半まで発表された主な放送産業関連振興政策

年度	組織	支援政策
1998年	文化観光部	放送映像産業振興計画
2001年	放送委員会	放送映像産業育成対策
2001年	文化観光部	デジタル時代放送映像産業振興政策推進戦略
2001年	情報通信部	デジタルコンテンツ産業発展総合計画
2001年	財政経済部、文化観光部、産業資源部、放送委員会（共同）	文化産業発展方案
2002年	情報通信部	オンラインデジタルコンテンツ産業発展基本計画
2003年	文化観光部	放送映像産業振興5年計画
2008年	文化体育観光部	放送映像産業振興5年計画

出所：ユン・ゼシク（2004b）26頁、2008年は文化体育観光部のホームページを参照

本市への参加支援、放送映像投資組合の結成、独立制作会社や放送チャンネル事業者への番組制作費支援、人材育成のための教育プログラム運営などが主な事業である。「旧放送映像産業振興院」は、2008年、当時の「韓国文化コンテンツ振興院」、「韓国ゲーム産業振興院」、「文化コンテンツセンター」、「韓国ソフトウェア振興院」、「デジタルコンテンツ事業団」と統合され、「韓国コンテンツ振興院」とその名称が変更された。図表6-5は、現在韓国コンテンツ振興院が行っている事業を分野別にまとめたものである。

そして、放送産業における規制機関として、放送通信委員会も設けられている。放送通信委員会は、旧放送委員会と旧情報通信部[3]が2008年に統合され設立された、放送と通信の政策と規制を総括する大統領直属の機構である。二つの組織が統合される前は、放送と通信の境界領域に出現した新たなサービスをめぐっては、それが放送か通信かを定義する問題で何年もの時間を費やしている。これらの問題点から産業への支援が非合理的に行われたという指摘もあり、2008年の統合によって、放送通信融合政策の樹立と融合サービスの活性化や関連技術の開発、電波に関する政策の樹立と電波資源の管理、放送通信政策の樹立と市場における競争促進、ネットワークの高度化、

放送通信利用者の保護政策の樹立、事業者の不公正行為に対する調査や紛争調停などの業務を行っている。これらの関連組織による放送産業に対する本格的な支援政策の始まりは、1998年に旧文化観光部が発表した「放送映像産業振興計画」であると言われている。その後旧放送委員会、旧放送映像産業振興院などの組織が放送産業振興のための計画と政策を相次いで発表した（図表6-6参照）。

これまでそれらの組織により行われてきた放送産業に対する主な支援策の傾向は以下の通りである。

(2) 制作部門に対する支援

制作部門に対する支援にはいくつかの形態がある。まず、制作費を直接支援する方法、そして制作費に対する融資という形態の支援、最後に制作費の投資組合を通じた支援である。上記の三つの方法は財源は異なるものの、放送映像産業を発展させるための最も直接的な手段として制作資金を潤わせるという部分においては共通している。

まず、番組制作費の直接支援は、政府放送映像産業に対する支援を発表した翌年の1999年から2002年までに、独立制作会社とアニメ制作会社、そしてケーブルPPを対象におよそ800億ウォン規模の事前制作費の支援制度が実施された。財源は放送振興基金、文化産業振興基金、情報化促進基金、国庫、財政融資特別会計などであった（ユン・ゼシク、2004b：27）。

その後、2002年から現在まで実施されてきた制作費の直接支援制度は「優秀パイロット番組の制作支援」事業である。この制度は制作能力とアイデアはあるものの担保能力がないために融資が受けられない会社に対して、番組制作費の80％を国が支援する制度である。財源は国庫で、制作費だけでなく海外見本市への出品支援とマーケティングなどの支援も並行して行っている（文化観光部、2006b：390）。図表6-7は2002年から2007年までの支援状況である。1年の予算は大体10億ウォン前後で1年に支援する作品数は20作品近くである。

「優秀パイロット番組制作支援」を受けた番組は、主にドキュメンタリーや教養番組、子ども番組が多く、ドラマへの支援は少なかった。支援を受け

図表6−7　優秀パイロット番組支援状況（2002〜2007年）

(単位：ウォン)

区分		申請現況	支援現況	支援金額	予算
2002年		39会社の57作品	18会社の18作品	9億	10億
2003年	1次	47会社の79作品	11会社の11作品	5億1,500万	13億
	2次	18会社の27作品	9会社の9作品	4億5,000万	
2004年		57会社の72作品	17会社の17作品	10億	13億
2005年		71会社の103作品	17会社の17作品	8億1,200万	10億
2006年		― （不明）			12億
2007年		― （不明）			10.8億

出所：韓国放送映像産業振興院内部資料、2006年と2007年のデータは文化体育観光部ホームページから引用

た番組の中で韓流現象の話題の中心にあった番組はなく、支援する側が最初から娯楽番組より教養番組の制作に焦点を合わせ、国際見本市における受賞作になれそうな「優秀な番組」だけに支援していたことがわかる。また、実際に支援を受けた会社は大手よりは中小規模の、主にドキュメンタリー制作を中心としている会社がほとんどである[4]。この制度は2009年から組織再編やそれまで指摘されてきた業務重複解消のため、その形態を変え、「大作ドラマに対する支援」、「キラーコンテンツへの支援」、「1クールドラマへの支援」などに名称を変え進められている。

　また、もう一つの制作部門に対する支援として、制作費の融資制度が挙げられる。そもそも政府が番組制作費の融資を始めたのは1990年代後半に韓国を襲った経済危機がきっかけだった。具体的には、番組制作費の調達が難しくなった制作会社を対象に、旧文化観光部は1997年から放送発展基金と文化産業振興基金などを財源にして、独立制作会社と放送チャンネル使用事業者を対象にこの制度を実施した。放送振興基金の低金利（4.5％）融資事業には1997年から2005年の9年間780億ウォンが投入された。また、2005年には文化産業振興基金から77億ウォンの融資が決定され、制作費と制作設備の近代化の支援を行った（文化観光部、2005：389−390）。また、「放送映像投資組合の運営」も制作費支援制度の一つである（その構成に関しては図表6−8を参照）。投資組合結成による支援は、番組制作費の財源を多様化さ

図表6-8　放送コンテンツ投資組合の構成

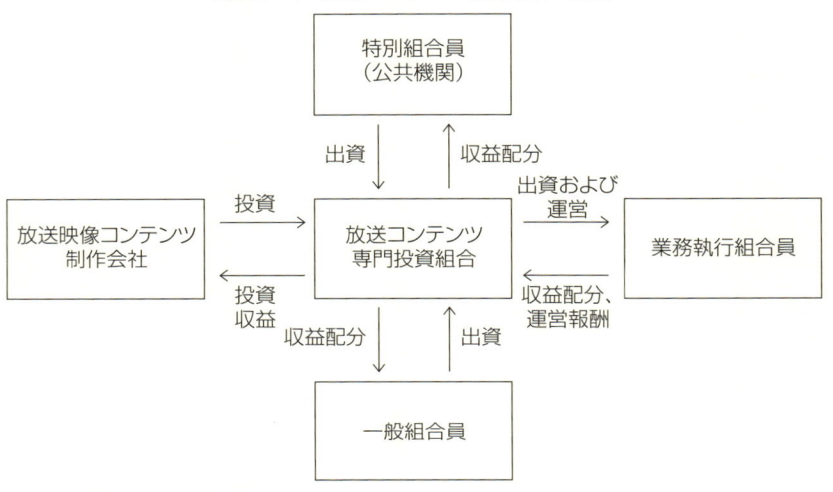

```
                    ┌──────────────┐
                    │  特別組合員   │
                    │ （公共機関）  │
                    └──────────────┘
                      出資↓ ↑収益配分
  ┌──────────┐  投資→ ┌──────────────┐ 出資および  ┌──────────┐
  │放送映像コン│       │ 放送コンテンツ │   運営→   │業務執行   │
  │テンツ制作 │       │ 専門投資組合  │           │組合員     │
  │会社      │ ←投資 │              │ ←収益配分、│           │
  │          │  収益 │              │   運営報酬 │           │
  └──────────┘       └──────────────┘            └──────────┘
                      収益配分↓ ↑出資
                    ┌──────────────┐
                    │  一般組合員   │
                    └──────────────┘
```

出所：放送通信委員会（2009）、40頁

せることはもちろん、制作・配給・流通分野に対する投資を強化させることで多元的な流通体制を整備することを目的とすると共に、さらに外国への番組輸出も活性化させるなどの効果も期待されている。放送映像投資組合を結成し番組制作費の調達を支援する方法は、2002年末に第1号が結成されてから現在まで続いている。放送映像投資組合の結成と運用が可能になったのは、放送番組などの映像コンテンツの活用できるウィンドウ（媒体）が増加し投資対象としての価値が高くなったことと関連している。2002年から2009年あたりまで結成された投資組合は四つで、総投資財源は530億ウォンに上っている（文化観光部、2006b：391）。

　主な投資対象は、創業して7年が経っていない創業者やベンチャー企業の中で放送映像コンテンツ分野や文化コンテンツ分野と関連した事業をする会社で、証券取引場または、コスダック（KOSDAQ）[5]に上場または登録されていない法人の中小企業である。2005年12月まで91のプロジェクトに388億ウォンの投資が行われたが、その中で放送業界に投資されたのは54プロジェクトの237億ウォン程度である。2010年、放送通信委員会はこの事業を拡大・持続させる方針を発表した。2010年には100億ウォンなど3年間

図表6-9　2002～2009年まで運用された放送投資組合の内訳

(単位：ウォン)

区分	CJ創業投資5号放送映像投資組合	チューブ03-12放送映像コンテンツ1号投資組合	CJ創業投資7号放送映像コンテンツ2号投資組合	KTB1号放送映像投資組合MCT2号
投資総額	140億	150億	140億	100億
組合結成日	2002.11.13	2003.12.29	2003.12.29	2004.10.21
主な投資対象	放送映像制作分野　50%以上	放送映像コンテンツ分野　60%以上	放送映像コンテンツ分野　60%以上	放送映像コンテンツ分野　50%以上
組合員の構成	文化観光部50億民間資金90億	放送委員会50億民間資金100億	放送委員会50億民間資金90億	文化観光部25億民間資金75億
業務執行の組合員	CJ創業投資	チューブinvestment	CJ創業投資	KTBネットワーク
期間	5年	5年	5年	5年

出所：文化観光部（2006 b）

で300億ウォンを出資して、民間と共同で総額700億ウォン～1,000億ウォン規模の放送コンテンツ投資組合を結成するということである。具体的には非ドラマ部門への投資も義務とし、ドラマに投資が傾かないようにする方針で、ドキュメンタリーや3D放送コンテンツ、双方向放送ソリューションなどを発掘して投資する計画が含まれている。図表6-9は投資組合の仕組みを表で示したものである。

　これらの制作費支援制度には、国庫や放送発展基金（2012年現在は放送通信発展基金にその名称が変更されている）、文化産業振興基金、情報化促進基金などの公益資金と共に、投資部門の場合は民間の資本も入っているなど、多様な財源で構成されている。

　その中でも放送産業に最も多額の支援をしていたのは放送発展基金である。その中で制作費に対する支援額だけの比率変動を調べると図表6-10の通りで、実際の支援額は毎年増加してきたが、全体事業費の中における比率は大きな変動はなく、ある一定水準を維持していた。

　しかし、このような傾向は2009年から少し変化の兆しを見せており、放

図表6-10 放送発展基金の中で制作費支援として運用された金額（2000～2006年）

(単位：億ウォン、%)

年度	2000年	2001年	2002年	2003年	2004年	2005年	2006年（計画）
金額（総事業費の中の割合）	185	248	248	283	333	463	586
比率	25.3	41.9	37.2	28.9	35.2	33.5	35.3

出所：放送委員会（2006c）、272頁

図表6-11 放送支援のための平均支出比重の内訳

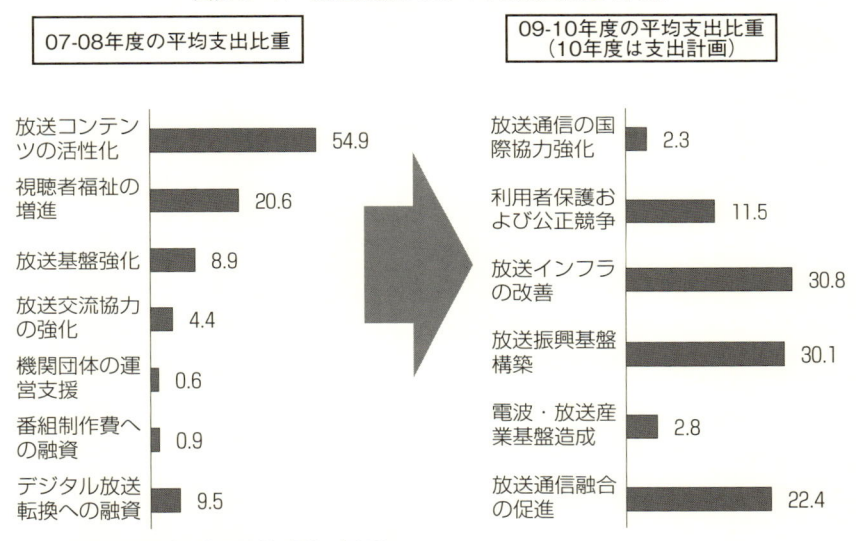

07-08年度の平均支出比重

- 放送コンテンツの活性化　54.9
- 視聴者福祉の増進　20.6
- 放送基盤強化　8.9
- 放送交流協力の強化　4.4
- 機関団体の運営支援　0.6
- 番組制作費への融資　0.9
- デジタル放送転換への融資　9.5

09-10年度の平均支出比重（10年度は支出計画）

- 放送通信の国際協力強化　2.3
- 利用者保護および公正競争　11.5
- 放送インフラの改善　30.8
- 放送振興基盤構築　30.1
- 電波・放送産業基盤造成　2.8
- 放送通信融合の促進　22.4

出所：放送通信委員会／韓国電波振興院（2010）

送コンテンツに対する支援よりは、放送通信の国際協力の強化、利用者保護や公正競争、放送インフラの改善、電波放送の産業基盤づくり、放送通信の融合促進などにその内容が変わってきた（図表6-11）（放送通信委員会／韓国電波振興院、2010：11）。

以上を総合すると、2000年以降に実施された番組制作に対する支援制度は、毎年一定の金額が番組制作市場に注がれているため、制作現場に対する持続的な資金の調達には役に立っている。しかし、最近の韓流現象に刺激さ

図表6−12　放送発展基金の中で制作費支援として運用された金額の変動
（2000〜2006年）

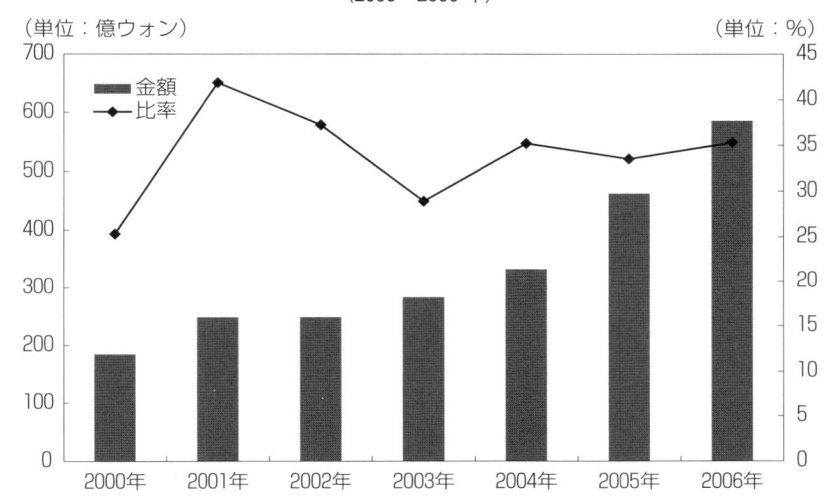

（単位：億ウォン）　　　　　　　　　　　　　　　　　　　　（単位：％）

出所：放送委員会（2006c）、272頁

れ平均番組制作費が急激に増加している傾向を考えると、1本の番組当たりに割り当てられる金額が全体番組制作費の中で大きい比率を占めているとは言えない。そのため、これらの支援金は番組の制作に直接貢献しているとは言えず、制作会社の運営資金として使われるのが現状であるようだ。2002年に実施されたある調査によると、「支援金を会社の運転資金にしているか」に対して、「そうでない」と答えた番組制作会社は31％に過ぎなかった。支援金を会社の運営資金に使用できないという前提条件があるものの、それを監視する手段がないことが現実である（ソン・キョンヒ、2002b：99−100）。また、2006年に実施された独立制作会社に対する支援政策に対する満足度を調べた調査によると、独立制作会社側では制作費支援制度が現状を反映していないという声が多かった。政府は制作費支援の条件として、番組の商品としての価値より公共の利益に貢献しているかどうかを重視しているため、制作費支援をしてもらった番組が地上波放送局で編成枠をもらえない場合も多いようだ（ジョン・ユンキョン、2006：366−367）。番組制作費支援制度は、現在のところ番組質の向上よりは中小企業に対する手助けの役割に留まって

第6章　放送産業に対する支援政策　119

いるように見える。

(3) 流通支援

　放送番組の流通を円滑にするための支援政策もいくつか存在する。大きく分類すると、国内における流通の活性化を図るための支援と外国への流通活性化を図るための支援に分けることができる。

　まず、国内向けの政策には、外注制作番組の義務編成制度を挙げることができる。この制度は流通市場と制作市場の両方に対する支援制度で、多チャンネル時代の到来により映像コンテンツのウィンドウ（媒体）が増加した現実を受け、番組供給市場の拡大の必要性が高まった点を前提に計画されたものである。番組供給市場の拡大を図るためには、独立制作会社を育成すると共に、外注制作番組の編成を放送局に義務づけることで、それを助けることが求められたのである（ユン・ゼシク、2004b：31）。外注制作制度は1990年に改正された放送法により1991年から実行されはじめ、1991年に成立した放送法施行令では全体放送時間の2％から20％を放送局でない者が制作した番組を放送するようにと規定された。さらに2004年からはアメリカのPrime Time Access Ruleに当たる主視聴時間帯における外注制作番組編成も義務づけている。詳しい義務外注制作制度の比率の変動は図表6－13の通りで、2000年以降は地上波放送局の子会社が制作した番組の編成上限までも決められ、地上波放送局の独占的な体制に対する牽制を強化した。

　また、チャンネル別の詳しい編成比率の告示は図表6－14の通りである。毎年、各チャンネルにおける告示はその比率が増加しており、独立制作会社の成長を狙った政策であることがうかがえる。特に2005年以降には放送局によっては全放送時間の40％以上を外注制作番組に充てるようにしている。実際に、外注制作番組の編成比率は毎年のように増加しており、外形的には政府の政策が成果を上げているようにもうかがえる。実際の編成比率が告示された基準には届かない年もあるものの、着実に外注制作番組の比率が増加していることは確かである。

　しかし、現在も外注制作番組の編成に制度の効果が問われている部分は、実際制作された番組の著作権がどちらに帰属しているのかという問題である。

図表6-13　放送法施行令における義務外注制作比率の変遷

改正時期	比率
1990.9.3	・毎週全体放送時間の100分の2～100分の20
2000.3.13	・地上波放送事業者：毎月の全放送時間の100分の40以内 ・地上波放送事業の特殊関係者が制作した番組の編成：全外注制作番組の100分の30以内 ・総合編成をする放送事業者の外注制作番組編成：毎月主視聴時間帯の100分の15以内
2004.9.17	・地上波放送事業者および地上波放送チャンネル使用事業者：全体放送時間の100分の40以内 ・地上波放送事業者および地上波放送チャンネル使用事業者の特殊関係者が制作した番組編成：全外注制作番組の100分の30以内 ・総合編成を行う放送事業者の主視聴時間帯における外注制作番組編成：主視聴時間帯放送時間の100分の15以内

出所：法制処ホームページ参照

独立制作会社による番組制作が増加するからといって必ずしもそれが彼らの収益に結びつくとは限らないからである。現在、放送番組の著作権は相当部分が放送局に帰属しているため、独立制作会社が自分たちが制作した番組を海外に販売したり、二次的に利用したりすることは難しいのが現実である。また、番組の海外販売など部分的に独立制作会社に著作権を認めていた放送局が、アジア各国で韓流現象が起きてから再びその権利を放送局に戻したという事例もある（ヤン・ムンソク、2003）。政府が実行した義務外注制作制度は、放送産業における垂直統合の体制を崩し、それまで地上波放送局に集中してきた資本と利益を分散させ、産業の活性化を図ろうという試みとしては高く評価できるものの、期待通りの効果が得られたかに対しては疑問が残る。

　図表6-16と図表6-17によると、1994年から2006年の独立制作会社が制作した番組の著作権保有は、全権限を放送局が所有するケースが増えており、一部権限だけを制作会社が所有するケースは2000年を基準に大幅に減少している。また、1990年代には、全権限を制作会社が所有するケースや全権限を他の媒体が所有するケース、そして全権限を協賛社が所有するケースも稀ながらあったものの、2000年代に入ってからはほとんど見られなくなった。このように放送局への著作権帰属が増えている理由としては、地上

図表6-14　各放送局の外注編成比率告示の推移と実際の編成比率（1991～2010年）

(単位：％)

年度		KBS-1	KBS-2	MBC	SBS
1991		3以上	3以上	3以上	3以上
1992		4以上	5以上	5以上	5以上
1993		7以上	10以上	10以上	10以上
1994	春	10以上(4)	13以上(4)	13以上(4)	13以上(4)
	秋	13以上(5)	15以上(5)	15以上(5)	15以上(5)
1995		13以上(5)	15以上(5)	15以上(5)	15以上(5)
1996		16以上(8)	18以上(8)	18以上(8)	18以上(8)
1997	春	19以上(9)	19以上(9)	19以上(9)	19以上(9)
	秋	20以上(12)	20以上(12)	20以上(12)	20以上(12)
1998		20以上	20以上	20以上	20以上
1999	春	20以上(16)	20以上(16)	20以上(16)	20以上(16)
	秋	20以上(18)	20以上(18)	20以上(18)	20以上(18)
2000	春	20以上(18)	20以上(18)	20以上(18)	20以上(18)
	秋	22以上(22)	27以上(22)	27以上(22)	27以上(22)
2001	春	24以上(24)	29以上(24)	29以上(24)	29以上(24)
	秋	26以上(26)	31以上(26)	29以上(24)	
2005		24以上(21)	40以上(21)	35以上(21)	35以上(21)
2007		24以上	40以上	35以上	35以上
2008		27.3	51.7	42.7	50.8
2009		―			
2010		27.6	51.8	48.8	50

＊( )の数値は、全外注制作番組の中で放送局の系列関係にある特殊関係者が制作した番組の編成可能上限である
＊2009年は資料の未入手のため、データがない
出所：1991年～2001年のデータは、金美林・菅谷実（2003）35頁を参照、2006年～2007年のデータは、放送委員会（2006b）と放送委員会（2005a）を参照、2008年のデータは放送通信委員会（2009）を参照、2010年のデータは放送通信委員会（2011）を参照

波放送局側が事業範囲を拡大するため、番組の著作権確保に努めていることと、制作会社側が流通能力と制作費の不足から著作権を放棄する場合が多い

図表6-15　外注制作番組の編成比率の変動（1999～2003年）

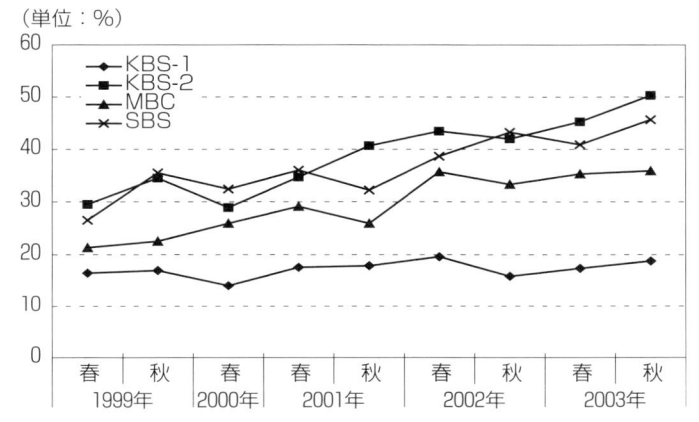

(単位：％)

出所：1999年～2000年、2002年～2003年のデータは（社）独立制作社協会のホームページを参照、2002年のデータは、ヤン・ムンソク（2003）の配布資料

ことが挙げられている（キム・グァンソク、2005：44）。

　一方、この政策の実施によって番組制作市場には以下のような変動があった。図表6-18が示しているように、外注制作番組の義務編成制度が実行されて以来、独立制作会社の創業は1998年以降に飛躍的に増加している。累計数は1990年から2000年までは増加傾向にあったが、2001年からは安定しているように見える。しかし、納品実績を表した図表6-19によると、全独立制作会社の中で実に50％以上が放送局への納品の経験がなく、実績を挙げていないことがわかる。放送局から外注の依頼を持続的に受けている会社は事実上21.6％ほどしかないことである。

　外注制作番組の義務編成政策の政策成果と効果に関しては、地上波放送局と制作会社側が対立した意見を述べている。地上波放送局側は、外注制作番組の義務編成政策が番組の質を低下させ「規模の経済」実現に妨げになっていると主張する一方で、制作会社側は、今後の映像コンテンツに対する需要の拡大に備えるためにも制作会社の育成は必要不可欠であるにもかかわらず、地上波放送局を中心とする既存の独占的な市場構造は放送産業に弊害をもたらすと共に、地上波放送局と制作会社の間には公正な取引に反する慣行が存在していると主張している。

図表6-16　地上波放送局3社の独立制作会社の著作権所有の現況（1994～2006年）

(単位：%)

区分	1994年	1995年	1996年
全権限を放送局が所有	71.2	74.3	78.0
一部権限だけを制作会社が所有	28.6	25.2	21.7
全権限を制作会社が所有	0.2	0.2	0.1
全権限をその他の媒体が所有	―	0.4	0.2
全権限を協賛社が所有	―	―	―

区分	1997年	1998年
全権限を放送局が所有	85.7	93.1
一部権限だけを制作会社が所有	12.4	1.9
全権限を制作会社が所有	0.1	2.9
全権限をその他の媒体が所有	1.0	0.7
全権限を協賛社が所有	0.8	1.3

	区分	2000年	2001年	2002年
KBS	全権限を放送局が所有	21.1	10.7	66.5
	一部権限だけを制作会社が所有	78.9	89.3	33.5
MBC	全権限を放送局が所有	58.0	73.7	74.7
	一部権限だけを制作会社が所有	28.4	13.7	23.0
	全権限を制作会社が所有	2.5	―	―
	その他	11.1	12.6	2.3
SBS	全権限を放送局が所有	76.0	81.6	88.0
	一部権限だけを制作会社が所有	13.5	5.7	3.7
	全権限を制作会社が所有	8.4	10.4	6.5
	その他	2.1	2.3	1.8

	区分	2004年	2005年	2006年
KBS	全権限を放送局が所有	92.5	93.9	97.2
	一部権限だけを制作会社が所有	7.5	6	2.8
MBC	全権限を放送局が所有	92.4	91.5	91.1
	一部権限だけを制作会社が所有	7.6	8.5	8.9
SBS	全権限を放送局が所有	89.0	85.4	100
	一部権限だけを制作会社が所有	11.0	14.6	0

出所：1994年～1998年のデータはソン・キョンヒ（1999）75頁を参照、2000年～2002年のデータはキム・グァンソク（2005）46頁を参照、2004年データと2005年のデータは放送委員会（2005b）を、2006年データは放送委員会（2006a）を参照

図表6-17　地上波放送局3社における独立制作会社の著作権所有の平均比率
　　　　（1994〜2006年）

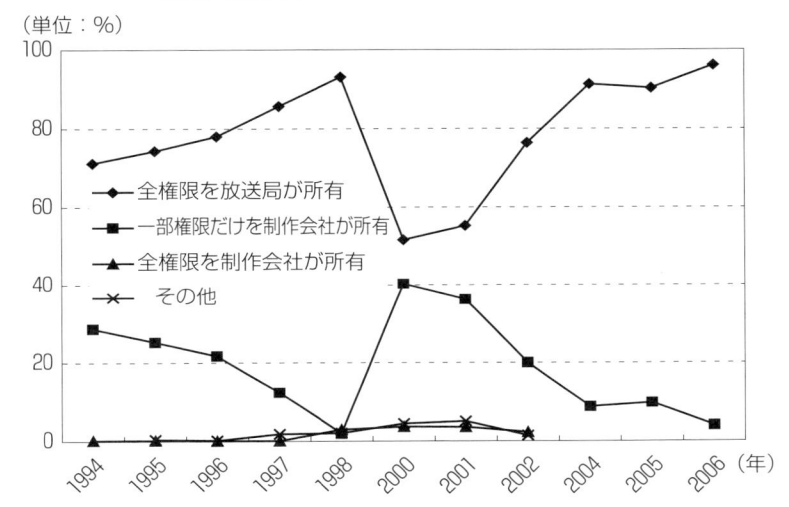

出所：1994年〜1998年のデータはソン・キョンヒ（1999）75頁を参照、2000年〜2002年のデータはキム・グァンソク（2005）46頁を参照、2004年のデータは放送委員会（2004）を、2005年のデータは放送委員会（2005b）を、2006年のデータは放送委員会（2006a）を参照

　しかし、放送局が主張する「番組の質の低下」は、番組の著作権を放送局が独り占めすることで独立制作会社に利潤を回していなかったことが原因で発生した問題であるため、地上波放送局を中心とする現在のような独占的な放送環境の改善が求められている。
　外注制作番組の義務編成制度の実施により、独立制作会社の数も外注制作番組の実際の編成比率も継続して大幅に上昇しているものの、実際の納品実績や制作された番組の著作権保有状態などを考慮すると、外見的な成長とは裏腹に内実は乏しい状態である。特に、番組の著作権保有状態はKBSとMBCは平均90％以上を、SBSの場合、2006年には100％を放送局が保有している状態であるため、独立制作会社が自分たちが制作した番組を通じて新たな流通経路を開拓したり会社を成長させたりすることは、難しい状況である。外注制作会社と外注制作番組の数の増加のような表面的な変化は政策の効果であろうが、著作権所有による制作会社の利益創出と制作現場の活性化という面からは、改善すべき点が残されている政策と言えよう。2011年

図表6-18　制作会社の創業件数と累計（1990年以前～2007年）

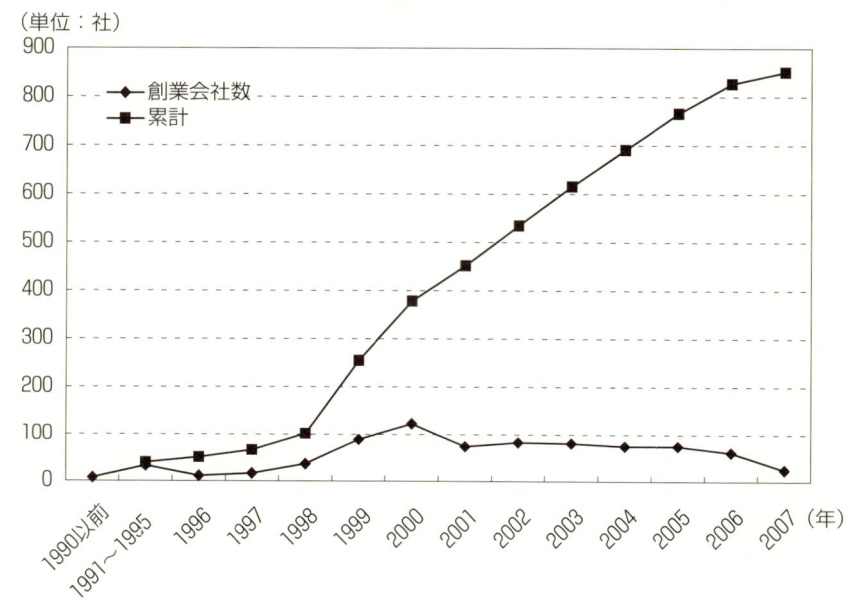

出所：1990年～1998年のデータは（社）独立制作社協会（2001）の44頁から、1999年～2007年のデータは、文化観光部（2007b）を参照

図表6-19　独立制作会社の地上波放送局に対する納品実績の数

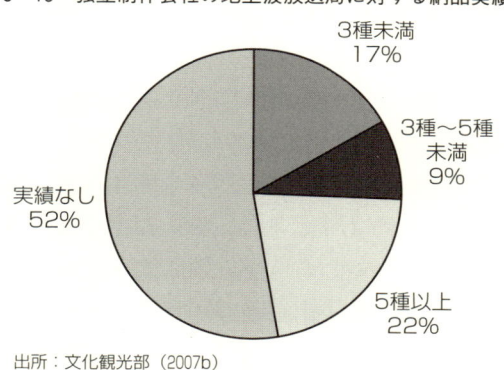

- 3種未満 17%
- 3種～5種未満 9%
- 5種以上 22%
- 実績なし 52%

出所：文化観光部（2007b）

に誕生した総合編成チャンネルや放送と通信の融合という新たな放送環境変動による番組制作需要の増加が、今後の独立制作会社のパワーを増進するこ

図表6−20　韓国放送映像産業振興院の韓流支援事業

事業名	事業期間
輸出支援事業（38.3億ウォン）	
―　輸出用番組制作支援	1999年〜2007年
―　新規市場開拓支援	2004年
―　国際放送映像物見本市開催支援	2000年〜2007年
―　海外マーケット参加支援	1998年
共同制作（36億ウォン）	
―　アジア国家間の共同制作	2007年〜2007年
―　韓国−シンガポール（MDA）共同制作	2006年〜2007年
―　KBI-NGCI(National Geographic Channel Internatioal)共同制作	2006年〜2007年
韓流政策研究	
―　韓流政策報告書および海外市場調査	

出所：カン・イクヒ（2007）、12頁

とが期待される。

　外注制作番組の義務編成制度が主に国内における流通の活性化を図るための政策だとすれば、韓国番組の海外流通を活性化するための政策として、海外見本市参加への支援、国際見本市の開催、輸出用番組の再制作支援制度を挙げることができる。中でも海外見本市参加への支援は1998年から実施された政策で、優秀な番組を保有しているものの海外見本市に参加する能力のない中小規模の制作会社を対象に行われ、海外市場の開拓に貢献したと評価されている。日韓国放送映像産業振興院による国際流通支援事業の歴史は、以下の通りである。

　外国への番組輸出のための政策は1990年代後半から始まり、特に2000年以降、強化されたことがわかる。2002年からは政府主催で国際放送映像物見本市を開催し、アジア地域だけでなくヨーロッパ・中南米・中東地域に市場を広げるための機会としている（図表6−20）。輸出用番組の再制作支援制度も2002年頃から主力事業として実施されている。再制作支援制度とは、

図表 6-21　韓国放送映像産業振興院の輸出支援事業の年度別支援の内訳(1999～2007 年)

(単位：億ウォン)

区分	99	00	01	02	03	04	05	06	07	合計
見本市参加支援	1	1.8	2	3	5	5	5	11	11	44.8
国際見本市開催	—	—	0.5	5	5	5	6	8	11	40.5
再制作支援	(4.5)	(8)	(8)	—	8 (3)	7.74 (2.74)	9.74 (2.74)	10	12.6	48.08 (28.98)
新規市場開拓	—	—	—	—	—	—	2	2	2	6
合計	1 (4.5)	1.8 (8)	2.5 (8)	8	18 (3)	17.74 (2.74)	22.74 (2.74)	31	36.6	139.38 (28.98)

＊(　)は放送発展基金、他は国庫
出所：カン・イクヒ (2007) 23 頁を参照

輸出先の規格に合わせた再編集、ダビング、字幕付け、音響・効果音の分離(M&E 分離)[6]、そして輸出用の広報ビデオの制作などが含まれるが、これらの作業にかかる費用の 50～80％ を支援する制度である（ユン・ゼシク、2004 b：34-35）。再制作支援や輸出支援制度は主に、国際放送交流財団（アリランTV）が文化観光部からの委託で行われている。現在、海外への番組流通支援政策は全額国庫から支出されているが、金額的には番組制作費支援に比べると規模は小さい。

　1999 年から 2007 年までの輸出支援事業の支援の詳しい内訳は図表 6-21 の通りである。輸出支援への事業費は、2000 年以降毎年大幅に増加しているが、その中でも国際見本市への参加と国際見本市の開催に最も多くの予算が費やされている。2006 年以降からは輸出支援に対する予算は 100％ 国庫から支出されている。見本市への支援に高い予算が使われているにもかかわらず、日本や台湾などの近い市場においては輸出契約が見本市とは関係ないところで行われているという点から、全体輸出額の中で見本市参加による輸出額が占める割合は高くないのが現状である（カン・イクヒ、2007：24）。

　現在進行している流通活性化のための支援事業とその予算は 2008 年現在、

図表6-22 放送番組の海外への流通活性化政策（2008年）

事業名	内容	予算 （2008年）
放送映像コンテンツ国際共同制作支援	海外との共同制作を通じて友好な交流関係を構築、韓流市場開拓。	10億ウォン （国庫）
輸出用番組再制作支援	国内の優秀な映像物の海外輸出や放映を考慮して、国際規格に合わせて再制作の作業を支援。	9.6億ウォン （国庫）
国内会社の海外見本市の参加支援	国内の会社の海外マーケティング支援のため、主な海外放送コンテンツの見本市に参加を支援。	8.4億ウォン （国庫）
国際放送映像見本市（BCWW）及びカンファランス開催	アジア地域の流通ハブの役割。韓国ドラマを中心として世界各地の購買者と販売者が集まり、ビジネス取引と人的ネットワークを構築すると共に、カンファランスを通じて放送映像産業のトレンドに対する情報を共有。	8億ウォン （国庫）
放送韓流の新たな市場開拓	韓流の未開拓地域である中東、中南米、アフリカ地域に対する韓国番組の紹介。	2億ウォン （国庫）
韓国放送文化体験を通じた親韓ネットワーク構築	アジア地域の韓流拡散をすると共に、未開拓国家の放送人を招待。9カ月間の韓国語教育および韓国文化体験、放送技術教育などを通じた放送文化交流の人的ネットワークを構成。	1.2億ウォン （国庫）

出所：（旧）韓国放送映像産業振興院ホームページ

図表6-22のような内容と規模である。これらの支援制度は、輸出先の多様化に大いに貢献している。

2009年、旧放送映像産業振興院が旧韓国文化コンテンツ振興院と統合されて以来、放送番組の流通活性化支援政策は多様化した。

（4）インフラ構築

上記したように、義務外注制作制度の成果に関しては様々な評価がある。政策の実行によって、独立制作会社の数は増え、外注制作番組の編成が増加したという量的な成長を成し遂げたことは認められるものの、独立制作会社の経営状態は零細的な状況から脱皮できず競争力を向上させるという当初の目標からは程遠いという意見もある（キム・ジェヨン、2003：169）。特にデジタル放送に対応できる番組制作のためには大規模な設備投資は必要不可欠な

条件であるが、零細な独立制作会社にはそれらの設備投資を単独で行うことは難しい。そこで政府は番組制作環境を整備するインフラ整備事業を打ち出した。旧文化観光部はソウル市から土地を無償で支援してもらい、2004年から2007年にかけて総495億2,000万ウォン（国庫282億2,000万ウォン、放送発展基金212億ウォン）を投じ、DMS（Digital Magic Space：以下DMS）を建設した（文化観光部、2006a：8）。1,000坪ほどの土地に地上12階、地下2階規模で建設されたDMSは、放送映像コンテンツの企画から制作、マーケティング支援までワンストップでサービスが可能なデジタル放送映像コンテンツ制作集積施設である。施設には、HDTVスタジオ、録音スタジオ、総合編集室、個人編集室などを完備している。施設の利用は、旧放送映像産業振興院を通じて行っている（現在は、韓国コンテンツ振興院を通じて行う）。DMS事業はイギリスのBBC Resources、フランスのSFP、スペインのメディアパーク等政府主導で構築・運営されている大規模デジタル放送制作施設をモデルにしている。デジタル放送コンテンツの需要が拡大している中、独立制作会社や放送チャンネル事業者のような小規模の会社はデジタル放送制作設備を調達できる余力がないため、制作インフラを支援し、放送映像制作産業の発展とデジタル放送の早期定着を誘導することが目的である（文化観光部、2006a：387-388）。

　一方、DMSとは区別されるインフラ構築事業として、2001年から実施してきたデジタル制作支援システムも存在している。この施設は旧韓国放送映像産業振興院の建物内に併設されて、HDTVのカメラやスタジオをはじめSD[7]とHDの編集システムが有料で制作会社に貸与されている。2012年現在、この二つの施設は組織統合により韓国コンテンツ振興院の管理の下で独立制作会社などに貸与されている。

　その他にも旧ソフトウェア振興院内に2004年から設置され運営されていたデジタルコンテンツ制作協力センターの機能が2007年には総工事費3,618億ウォンをかけて新しく設置された先端ITコンプレックスの「ヌリクムスクウェア」に移され、映像コンテンツのデジタル制作を支援することになった。「ヌリクムスクウェア」もHD/SD映像、アニメーション、特殊効果、サウンドなど映像コンテンツ制作のための施設および先端装備の利用

支援を提供している。2012年現在は旧ソフトウェア振興院を吸収合併した情報通信産業振興院によって運営されている。

放送番組などの映像コンテンツの制作基盤施設の支援事業に対しては、放送と文化、そして情報通信を扱う政府の複数の組織が各自支援を行っているため、重複した無駄な設備投資が行われているとの批判もある。2007年に完成されたインフラに対する支援政策は、まだその効果を判断することは難しいものの、多くの制作会社が中小規模で、設備投資の余力がないことを勘案すると、効果が期待される政策であることは間違いない。

(5) 人材育成

韓国における地上波放送局中心の市場構造は、これまで放送関連人材の数を制限し停滞させる結果を招いてきた。しかし、デジタル化やチャンネルの増加、独立制作会社の増加、そして放送市場の開放などの放送環境変化は専門知識を身につけた優秀な人材への需要を拡大させた。また、放送映像産業は普通の製造業とは違って、完成物に創造性が求められるため、青少年や一般人を対象にした長期的な人材育成制度の必要性も求められるようになった。

人材育成制度は設備投資や資金集めなどの面で準備が簡単なために、制作支援や流通支援政策などに比べると、比較的早い段階から実施されてきた。文化体育観光部は1989年から旧放送映像産業振興院内に放送政策教育システムを構築、放送業に従事している人々の再教育を行ってきた（文化観光部、2006a：392）。1990年から2006年までに実施された教育実績は図表6-23と図表6-24の通りである。また、2001年には政府が6大戦略分野[8]を指定、国家戦略分野の優秀人材養成総合計画を発表し、教育人的資源部が総括調整役割を、分野別担当部署が財政支援の役割を担当することになった。その中で放送映像産業が含まれる文化コンテンツ（CT）分野も政府がこれから人材育成に主力する分野として選ばれたため、文化観光部の予算と各種基金を財源にして、大学・大学付属機関・放送局やマスメディア付属の機関・公共と民間機関で実施する研修に対する支援が行われてきた。

図表6-23と図表6-24によると、1990年から旧放送映像産業振興院を通じて始まった人材育成支援によって輩出された人材は毎年増加の傾向にあ

図表6-23　オフラインにおける放送産業人材育成の実績（1990～2006年）

（単位：人数）

分野／年度		1990年～1999年	2000年	2001年	2002年
放送専門人材養成課程	放送現場の職能別再教育	1,985 (109)	202 (11)	269 (25)	323 (28)
	放送社と関連機関の受託教育	274 (6)	56 (2)	55 (2)	42 (5)
	ケーブルTVのSO運用要員の養成	407 (3)	—	—	—
	構成作家養成	149 (5)	—	—	—
	放送出演者研修	98 (4)	—	—	—
産学研課程	放送学科関連教授や大学生などのワークショップ	437 (10)	39 (1)	53 (2)	49 (2)
低所得階層対象の公益課程	低所得階層に対するメディア教育、政策支援課程	47 (2)	38 (2)	18 (1)	8 (1)
合計（298課程）		3,397 (139)	335 (16)	395 (30)	422 (36)

分野／年度		2003年	2004年	2005年	2006年
放送専門人材養成課程	放送現場の職能別再教育	208 (17)	269 (26)	594 (35)	901 (57)
	放送社と関連機関の受託教育	302 (19)	332 (15)	314 (20)	147 (6)
	ケーブルTVのSO[9]運用要員の養成	—	—	—	—
	構成作家養成	—	—	—	—
	放送出演者研修	—	—	—	—
産学研課程	放送学科関連教授や大学生などのワークショップ	—	—	33 (1)	63 (4)
低所得階層対象の公益課程	低所得階層に対するメディア教育、政策支援課程	15 (1)	15 (1)	69 (5)	114 (7)
合計（298課程）		525 (37)	616 (42)	1,010 (61)	1,225 (74)

＊（　）は課程の数
出所：(旧)韓国放送映像産業振興院ホームページ

図表6-24　オンラインにおける放送産業人材育成の実績（2003～2006年）

(単位：人数)

区分	教育運用内容	修了者数			
		2003年	2004年	2005年	2006年
遠隔教育研修院（放送一般含む）	放送制作論	241	482	530	473
	個人制作分野	78	168	158	78
	専門家特別講義		146	247	384
	企画創作分野	175	176	95	125
	デジタル編集分野	71	84	193	206
	メディア教育分野			93	84
	メディア経営分野				70
大学連携単位認定課程	全北大学とその他	129	228	309	481
資格認定課程	アビドエクスプレス（Avid Express）DV		31	46	62
	メディア教育教師養成課程		38	28	38
	プロ・ツールス（Pro Tools）音響演習			36	47
	個人制作ニュースVJ養成課程				58
教授要員養成課程	ACI（Adobe Certified Instructor）予備課程と本課程		18	22	36
低所得階層対象の公益課程	障害者／青少年／市民団体など	37	35	148	109
特別課程	国際交流協力分野		21	41	35
	その他（政策課程など）			217	90
合計		731	1,427	2,163	2,376

出所：(旧)韓国放送映像産業振興院ホームページ

る。オフライン教育においては2003年以降から支援を受ける人数が急激に伸びた。教育内容は現役の放送関連従事者への再教育と放送局や関連団体からの受託教育といったものに集中している。オンライン教育は2003年から始まり、毎年教育を受ける生徒の人数はオフライン教育と同様に増加傾向にあるが、主に番組制作と編集に関した教育に力を入れており、大学と連携し

単位として認める教育プログラムや青少年・市民団体などの一般人を対象にした教育もかなりの割合を占めている。その他にも社団法人独立制作社協会は文化体育観光部の財政支援を受け、ディレクター・スクールを運営して毎年全額無償で制作ディレクター40名程度とマーケティング・ディレクター5名程度を輩出している。

2008年、旧放送映像産業振興院が韓国コンテンツ振興院に統合されてからは、人材育成事業もコンテンツ産業全般に対して一貫して韓国コンテンツ振興院が行っている。

人材育成制度に関しては、実際教育を受けた生徒一人一人に対する深層面接や追跡調査をしてみない限り、なかなかその効果を明らかにすることは難しい。しかし、放送技術や流通分野において絶対的に不足している人材育成事業は産業の活性化に必要不可欠である。

3　公的資金の助成と支援事業——基金の助成と運用

2000年に制定された新たな放送法により、放送発展基金の設置が法律で定められたが、放送産業に関連した公益資金はその以前から存在していた。1981年から韓国放送広告公社が公益資金として管理してきた放送発展基金は、長年公報処で政府予算のように使われ、番組の質的向上や放送産業全般の発展に還元できていないという批判が相次いでいた（チェ・ヤンス、1996：184）。1990年代前半に基金の使用内容が明示されるまで、基金の助成過程や運用まで様々な疑惑と問題点が提起され、改善の必要性が求められてきた。そこで2000年に制定された放送法第36条の規定に基づき、地上波放送局の広告売上の手数料、新規放送事業者からの出捐金、ケーブルテレビ事業者の独占事業費用、ショッピング・チャンネルの売上額に対する手数料、放送法違反者からの徴収金などへと助成方法を多様化すると共に、基金の活用内容も透明化を図るため旧放送委員会が運用するようにした（ファン・グン、2001：4）。助成当時の規模は1,708億ウォン程度であり、これらは主に旧放送委員会の運用資金、基金管理費、公共基金と民間基金への出捐、基金による支援事業のために使用されてきた。当初、具体的な支援事業としては、

放送公益事業と放送振興事業、広告振興事業、言論公益事業、文芸振興事業、視聴者支援事業などが決められていたものの、各事業の構造や支援方式の適切性に関する問題が国会の審議過程で度々指摘され、放送委員会は基金の運用体制の改善を試みてきた。(ファン・グン、2001：6-7)。基金の運用内容は図表6-25のように2006年以降細分化・多様化されたのである。

　2000年以降、放送発展基金の運用規模と実際の基金事業に投入された金額の規模は以下の図表6-26の通りである。全体運用費の変動は不規則的で2004年以降は減少の傾向にあるものの、実際には基金の事業を通じて産業が支援されている金額は毎年増加している。減少した分は基金管理や資金の運用上の問題で発生したものであり、産業に対する実際の支援額は特に2004年以降増えているのである。

　一方、韓国政府は1998年12月に開催された経済政策調整会議で、文化産業の競争力を強化するために、放送発展基金以外にも政策資金を助成することを決定した。これは、政府予算対文化予算の比率を1％程度に引き上げたいという文化芸術界の意見を受け入れ、文化産業を国家の基盤産業にするという政府の意志の表れでもあった。そのために国庫から文化産業振興基金を助成し、1999年から2003年までの5年間毎年500億ウォンを出捐し合計2,500億ウォンを支援することにしたが、実際には2006年まで運用され2007年に廃止となった。基金設置の根拠として1999年に文化産業振興基本法を制定、この法律に従い文化産業振興基金の設置・運用を行った（文化観光部、2007a：67-68）。文化産業振興基金は文化産業界の自生力を高めると共にシードマネーを助成するという目的で作られ、文化産業全般に対する支援と融資を主な事業とし、放送と関連しては主に放送用番組制作とアニメ制作支援、そしてデジタルシステム構築と放送映像物制作設備の現代化支援などに使われた（ユン・ゼシク、2004b：46）。

　文化産業振興基金の助成規模は図表6-27の通りで、助成当初から基金の廃止直前まで毎年その規模が増大していたことがわかる。

　文化産業振興基本法の第39条によると、文化産業振興基金の財源は政府の出捐金および融資金、政府以外の者の出捐金及び融資金、国債管理基金からの（前もって支払われる）助成金、公共団体の文化産業支援金、文化体育

図表6-25　放送発展基金の各支援事業の内容と変動（2000〜2008年）

2000年〜2005年		2006年〜2008年
支援分野	内容	支援分野
放送公益事業	・教育放送番組の制作支援事業 ・放送番組の国際交流事業	教育放送およびその他公共を目的と運営される放送
		公共の目的のための放送事業者の設立および放送番組の制作支援
放送振興事業	・放送研究 ・放送人の研修 ・独立制作会社の番組制作事業	放送番組および映像物制作支援
		視聴者が直接制作した放送番組に対する支援
広告振興事業	・広告団体連合会や自律広告審議機構などの団体に対する支援	メディア教育および視聴者団体の活動支援
		放送広告発展のための団体および事業支援
言論公益事業	・言論人の研修 ・言論研究 ・言論人の国際交流事業	放送技術研究および開発支援
		障害者および放送にアクセスしにくい階層の放送アクセスのための支援
文芸振興事業	・公演事業 ・文化団体の情報化事業	文化・芸術振興事業
		言論公益事業
視聴者支援事業	・視聴者評価員の活動支援 ・視聴者評価番組制作支援 ・障害者放送や放送にアクセスしにくい階層に対する放送アクセス事業支援	南北間放送交流・協力および南北共同の放送番組制作支援とこれらの海外韓国語放送に対する支援

出所：2000年〜2005年の資料はファン・グン（2001）から、2006年〜2008年の資料は放送法第38条を参照

観光部のその他の基金からの転入金、基金運用で発生する収益金などで構成された。基金の運用内訳は図表6-28の通りで、商品開発に対する融資額の割合は増加の傾向であった一方、流通構造や施設の現代化のようなインフラ整備に対する融資は減少傾向だったことがわかる。また、図表6-29によると、全体的な運用規模は2002年を頂点に減少したことがわかる。

　その他に情報化促進基金も放送産業支援のために運用された。1995年の情報化促進基本法に基づいて1996年に設置され、情報化促進基金は情報化促進と情報通信産業の基盤造成および超高速情報通信事業の推進を目的とした。放送部門に関連しては主に放送技術開発と設備の近代化に貢献してきたが、その後2004年法律の改正により、基金名が情報通信振興基金へと変更

図表6-26 放送発展基金の全体運用費と基金事業費の運用推移（2001～2007年）
（単位：百万ウォン）

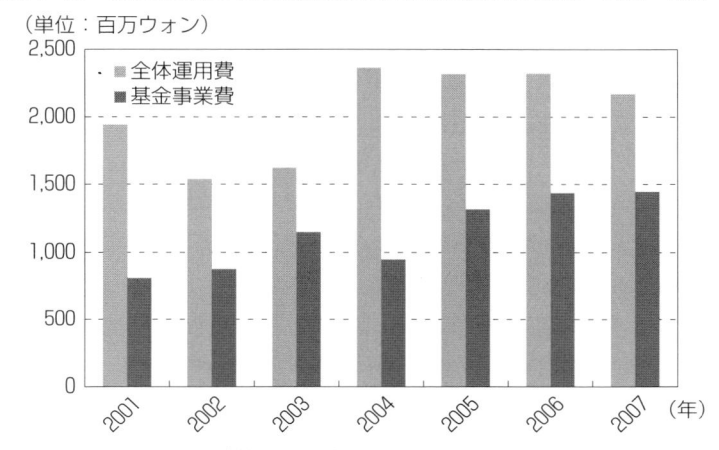

＊2007年のデータは運用実績ではなく計画である
出所：2001年～2004年のデータは放送委員会（2006d）を参照、2005～2006年のデータは放送委員会（2007c）を参照、2007年のデータは放送委員会（2007d）を参照

図表6-27 文化産業振興基金の助成規模（1999～2006年）
（単位：百万ウォン）

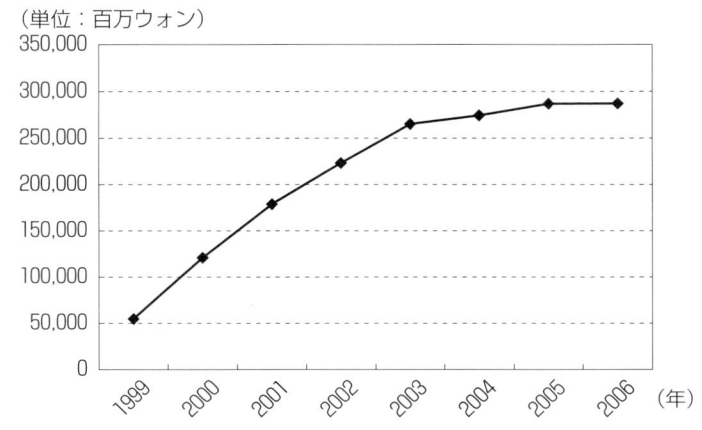

出所：文化観光部（2007a）を参照

第6章 放送産業に対する支援政策

図表6-28　文化産業振興基金の運用内訳（1999～2005年）

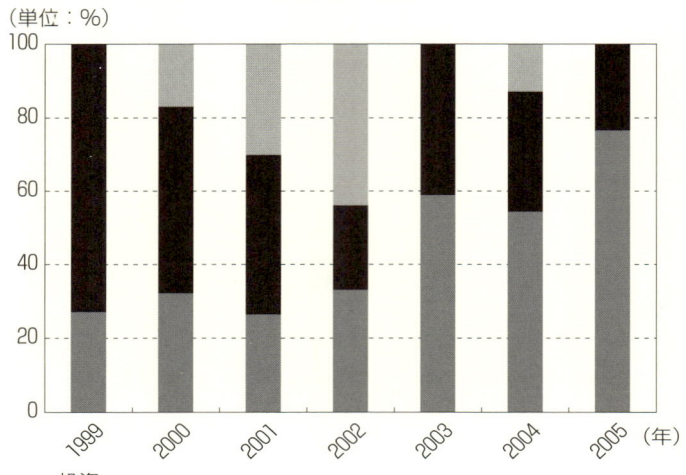

（単位：％）

■ 投資
■ 融資 流通構造および施設現代化
■ 融資 文化商品開発

出所：文化観光部（2006b）68頁を参照

図表6-29　文化産業振興基金の運用実績（1999～2005年）

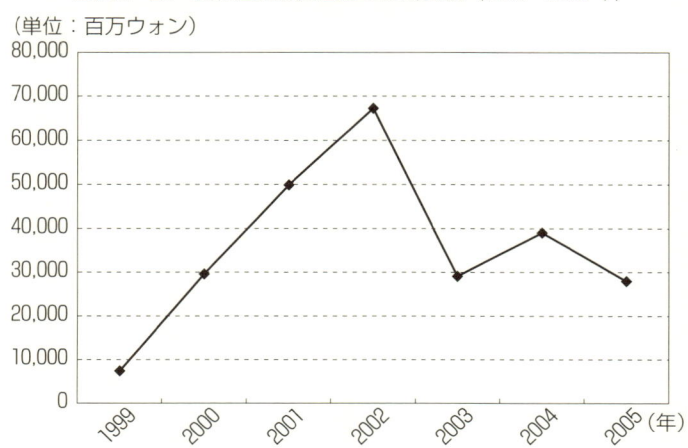

（単位：百万ウォン）

出所：文化観光部（2006b）68頁を参照

され、基金の用途も研究開発に限定されるようになった。財源は、政府の出捐金または融資金、基金運用収益金、基幹通信事業者の出捐金であった。具体的な事業としては、デジタル放送への転換における融資事業やデジタルコンテンツ制作に対する投資事業、情報通信産業の技術開発支援などを挙げることができる。

1) 「均特会計」とは、「国家均衡発展特別会計」の略称。政府の部署が七つの会計を通じて分散して推し進めていた均衡発展関連事業を一つの特別会計に統合したものである。
2) 現在一線で活躍しているリーダーたちが若い人材に人生の哲学や仕事上の経験談を聞かせることで、彼らの創作活動に刺激を与えることが目的の事業。
3) 旧放送委員会は1981年の言論基本法によって設立された組織であるが、2000年の放送法再制定をきっかけにその権限が強化された。放送委員会の主な業務は、放送の基本計画樹立、放送事業者の許可・再許可の推薦・承認・登録・取り消し、放送発展基金の助成・運用などで、放送産業の政策・行政・規制の全般における総括機構とも言える。放送委員会も放送振興のために「放送コンテンツ制作支援」と「公益コンテンツ制作支援」のように直接制作費を支援する方法で支援を行ってきた。
　　　一方、旧情報通信部は情報化・情報通信・電波放送管理・郵便と金融業務を管理していた。旧放送委員会が放送の基本計画に関する事項を審議・議決する場合、放送技術および施設に関する事項は旧情報通信部長官の意見を参考にしなければならなかった。そして、放送事業者の許可も旧放送委員会の推薦を受けた後、旧情報通信部長官の許可が必要であった。外国人工衛星無線局のチャンネル使用契約者も旧放送委員会の承認が必要だったが、この場合も情報通信部長官との協議が必要であった。放送事業者の許可のような重要な決定の際には情報通信部との協議が必要であるため、情報通信部が放送産業で担っている役割は大きい。また、情報通信部は傘下のソフトウェア振興院と韓国電子通信研究所を中心として放送産業に対する支援事業を実行してきた。
4) 「優秀パイロット番組制作支援」の詳しい内訳は資料Ⅲで明らかにしている。
5) コスダック（KOSDAQ）は、韓国証券業協会内のコスダック委員会が運営する中小・ベンチャー企業のための証券市場のことである。1996年に開設し、アメリカのナスダック（NASDAQ）市場をベンチマーキングしたもので、The Korea Securities Dealers Association Automated Quotation の略称である。
6) Music & Effect の略。
7) SDとは、Standard Definition の略。テレビなどの標準的な解像度のこと。480 i、480 pがこれに相当する。従来のアナログ放送やBSデジタル、地上波デジタルのSD放送などがこれにあたる。対になる用語はHD（High Definition）。
8) 6大戦略分野とは、情報技術（IT）、生命工学（BT）、ナノ技術（NT）、環境工学（ET）、宇宙航空（ST）、文化コンテンツ（CT）のことである。

9) SO とは、System Operater の略。総合有線放送事業者のことを意味する。

第7章 映画産業に対する支援政策

1 法律の整備

　映画法が制定されたのは1962年のことである。当初の映画法によると、映画制作と輸入や輸出業をしようとする者は、すべて公報部への登録が求められており、制作・輸入・輸出の際に公報部長官の許可を得る必要があった。また、映画を上映する際には、上映の前に必ず「文化映画」[1]を上映することが法律で定められていた。「文化映画」は主に政府の公報当局が制作を担当しており、政府のPRをするための映画や、政府の各部署や国営企業が国民の啓蒙を目的としていた公報映画が多く、後には反共を唱える映画も登場し、国民からの支持を得られない場合が多かった（京郷新聞、1967.7.22、8面；ハンギョレ新聞、1988.6.16、5面；ハンギョレ新聞、1992.6.23、15面を参照）。また、1966年の改正以降は「検閲」の条項も設けられ、1996年の改正で「審議（事実上検閲）」の基準が変わるまで、内容に対する規制が存在していた。これらの条項は制定当時の映画法が映画産業を統制の対象として扱っていたことを物語っている。映画に対する政府の姿勢が統制から振興へと方向転換をしたと見られるのは、1996年に「映画法」を「映画振興法」に変えて前面改正した頃からと見られ、さらに2006年からは「映画およびビデオ物の振興に関する法律」に名称を変え、ビデオ市場までも包括的に支援するための法律に生まれ変わった。規制や支援政策に関する詳しい法律の条項は第5章と第6章に詳しく記述しているためこちらでは割愛することにし、主な傾向は以下の図表7−1にまとめた。

図表7−1　映画産業における制度の変遷（1960年代〜現在）

	1960年代〜1980年代	1990年代	2000年代
法	1962年：映画法制定 1962年〜1986年：外国人・外国法人の映画産業参入を禁止 1984年：外国への市場開放を前に国内法整理 1986年：外国人・外国法人の映画産業参入規制を撤廃	1995年：映画振興法改正 1999年：文化振興基本法制定	2006年：映画法廃止、映画およびビデオ物の振興に関する法律制定
組織	1973年：映画振興公社設立 2000年：映画振興委員会として再出発	1993年：文化部と青少年体育部を合わせて文化体育部新設 1994年：文化体育部に文化産業局新設	2001年：韓国文化コンテンツ振興院設立
規制	1962年〜1985年：外国人に対する参入規制 1962年〜1994年：映画制作の事前申告 1962年〜1994年：映画産業参入に登録が必要 1962年〜1997年：日本の大衆文化輸入を禁止 1963年〜1969年：映画制作業と輸入業を一元化 1966年〜1983年：検閲が存在 1984年〜1996年：審議 1962年	1962年〜1994年：映画制作の事前申告 1962年〜1994年：映画産業参入に登録が必要とされる 1997年〜現在：上映等級の分類 1997年：日本の大衆文化輸入を開放	
政策	1973年：映画事業資金融資規定、シナリオ支援、フィルム給付事業（1973年〜1978年） 1974年：文芸中興5年計画発表 1974年〜：人材育成事業 1977年：施設近代化事業5年計画着手 1977年：映画試写室完成 1978年：特殊撮影室、録音室の開館 1980年：現像室開館	1993年：産業発展戦略部門に映像産業を「製造業関連知識サービス産業」と明示、製造業水準の金融・税制支援のための基盤構築（製造業水準の政策支援） 1993年：スクリーンクォータ監視団発足 1990年〜1997年：総合撮影場完成 1999年：映画振興委員会再スタート 1999年：文化産業重点育成のための「文化ビジョン21」を発表 1999年：映像専門投資組合活性化政策	2000年：映像産業総合振興対策樹立 2000年：総合撮影場内にデジタル映画制作システム構築 2000年：シネコン（複合上映館）拡充
基金	1970年：国産映画振興基金 1972年：文化芸術振興基金 1985年：映画振興資金 1985年：国産映画振興基金の廃止	1995年：映画振興金庫助成開始 1998年：映画振興資金の廃止	1999年：文化産業振興基金の設置 2006年：文化産業振興基金の廃止

図表 7-2　映画振興関連組織の変遷

組織	内容
映画振興組合 1971年〜1972年	映画制作者協会、映画輸出入業者協会、映画人協会、全国劇場連合会が共同で国産映画の振興と総合の共同利益および映画産業育成と金融のために設立した組合的な社団法人
映画振興公社 1973年〜1998年	映画振興組合より積極的な意味の事業機構（財団法人）、映画政策を担当する国家機構
映画振興委員会 1999年〜現在	政府機関である文化観光部から映画に関する支援役割を任されている汎国家部門（Wider State Sector）の専門機構、準政府組織

2　支援組織と内容

(1) 支援組織

　映画産業における支援と育成に関係している機関には、文化体育観光部と映画振興委員会がある。映画振興委員会の母体は、1971年に映画振興組合として発足したが、1973年の映画法全面改正時に映画振興公社という名で再設立された。同法第4章には映画振興公社の設立と国産映画振興基金の設置も明記され、外国映画の輸入を行ったものに資金を納付するようにし、外国映画の輸入から得る利益の一定部分を国産映画の振興に役立てようとした。また、この時期からも映画振興公社は映画輸出のための支援策を打ち出しており、香港への映画輸出の拠点である「香港有限公社」を設置したり、韓国映画に関する紹介資料を英語とフランス語で刊行・配布するなど積極的な輸出支援を試みたものの、国内市場で成功できない映画は輸出実績が伸びることはなかった（パク・ジョン、2005：231、234）。一方、その時期の映画振興公社は当時の軍事政権の理念を反映した映画制作を支援する役割も大きかっ

図表7-3　国産映画振興基金の助成状況（1973〜1977年）

（単位：万ウォン）

年度	助成金額
1973年	20,900
1974年	26,620
1975年	17,400
1976年	34,600
1977年	52,100

出所：キム・ドンホ（1990）

たため、現在の映画振興委員会とはその役割が異なっていた。映画振興公社は自らが作品を企画し、シナリオ作家や監督を招いて直接映画制作も行ったが、これらは当時の軍事政権を称える内容のものや民族主体性を確立させ愛国心を引き出せる内容のもの、当時の政権が力を入れていたセマウル運動に積極的な参加を促すものが多かった（パク・ジョン、2005：228）。また、映画振興公社のもう一つの特徴としては、通常「企業化政策」と言われたハリウッドのスタジオシステムを目指す政策を打ち出したことである。具体的には、映画振興公社自身が巨大な制作会社化することと、映画制作会社への参入規制を厳しくして、ある一定の設備と監督、俳優を抱えて毎年一定基準以上の制作本数を達成できる会社だけを参入させたことであった。

　映画振興公社が現在の映画振興委員会の形に整備されたのは、1999年の映画振興法の全面改正の時である。映画振興委員会は1995年に創設が決定され、資金が積み立てられはじめていた映画振興基金を運用し本格的な支援を行いはじめた。映画振興委員会は政府機関である旧文化観光部から映画に関する支援役割を任されている汎国家部門（Wider State Sector）の専門機構で、政府から予算は支援してもらうものの、政策的専門性と独立性を保障されている独立機関であり準政府組織である（映画振興委員会ホームページ）。現在は、映画アカデミーや総合撮影所、映画館入場券統合電算ネットワークなどのインフラの管理と運営はもちろん、映画振興金庫を運用した様々な映画産業支援事業の中心的な役割を果たしている。

(2) 基金の助成

[国産映画振興基金（1970〜1985年）]

　国産映画振興基金の設立は1970年に改正された映画法第22条で規定された。財源は、外国映画輸入業者が文化公報部に外国映画の輸入推薦を受ける際に映画振興組合へ納付した資金である（イ・ヒョクサン、2005a：27）。この基金は、当時興行収益が高かった外国映画の収入から国産映画の制作を支援する財源を確保しようとした試みであった。特に1970年代後半に助成金額が大幅に増加し、1979年の1年間に助成された金額が1973年から1979年までの8年間の助成金額の中で約1／3程度を占めている。具体的な助成金額は図表7－4の通りである。

　しかし、国産映画振興基金の多くは当時映画振興と政策の中心的な存在だった映画振興公社の運営に使われたため、運用内容に対する批判が相次いだ。民間から民間を支援するために集められた資金が、振興機構の運営資金に転用された点が批判の根源にあったのである（イ・ヒョクサン、2005b：369）。また、映画輸入業者が納めた資金を映画制作に回すという仕組みだったため、納付金の水準に関する輸入業者と制作会社間の意見が食い違って、しばしば激しい議論が起こった（パク・ジョン、2005：222）。ついに、それまで問題となっていた映画振興公社の資金流用問題が1980年代に入ってから以下のように明るみに出て波紋を呼んだ。

　　"国会議員のキム・テス議員は「映画業者たちが映画法により映画制作資金で業者当り5,000万ウォンずつ合計10億ウォンを映画振興公社に納付したが、1978年9月以降、理由もなくこの資金を凍結し還給を拒否しているだけでなく銀行預金による過失を雑収入と処理し、預金も違う用途に流用している」と述べ，映画業者の同意もなしで流用する権利はないと批判した。"（中央日報、1981.5.15、7面）

　様々な議論を巻き起こした国産映画振興基金は、1986年から外国人にも韓国での映画業ができるように対外開放政策を施行することになったため、1987年から廃止された。

[映画振興資金 (1985～1994年)]

　映画振興資金は、それまでの国産映画振興基金を基金化したものである。国産映画振興基金の廃止は、映画振興に必要な資金の財源を国庫から補助できるようにしたことで意味ある転換点になったと言われる（安芝慧、2005：289）。1986年には文化芸術振興基金の一部を映画振興資金に投入し40～50億ウォン規模の資金を助成して、これらを制作費の融資、シナリオ金庫、制作施設の近代化などのために運用した。その後、映画振興事業のための安定的な基金助成の必要性から、文化産業振興基金と文化芸術振興基金からの出捐金を財源とする映画振興金庫が1995年に誕生した。

[映画振興金庫 (1995～2007年)]

　映画振興金庫の必要性に関しては、映画市場の開放以降、最大の不況に見舞われた1993年頃から映画人たちの間で議論されはじめ、1995年に映画振興法制定と共に設置された。映画振興法の第6章第29条によると、映画振興金庫の主な財源は文化芸術振興基金からの出捐金と金庫の運用収益金、その他の収入となっている。映画振興金庫が設立された当時には文化芸術振興基金からの出捐比率が高く、1999年金大中（キム・デジュン）政権に入ってからは国庫からの支援比率が高くなり、出捐が完了した2003年の積立金は1,670億ウォンの助成が完了した（図表7-4参照）。その後支援で消化した金額を引いて2005年にはおよそ1,132億ウォンほどの残額となった（映画

図表7-4　映画振興金庫の助成状況（1994～2003年）

（単位：億ウォン）

区分		94	95	96	97	98	99	00	01	02	03	合計
助成金額	政府出捐金	—	—	—	—	—	100	500	400	300	200	1,500
	文芸振興基金	30	30	40	22	25	—	—	—	—	—	147
	その他（過失金）	—	—	—	8	15	—	—	—	—	—	23
合計		30	30	40	30	40	100	500	400	300	200	1,670

出所：映画振興委員会（2006c）を参照

図表7-5　1999~2007年の映画振興金庫の運用実績

(単位:億ウォン)

事業名	予算額	事業の内訳
シナリオR&D*	26.27	シナリオ公募、シナリオDB/マーケット、劇映画開発費支援
独立映画の制作支援	30.55	劇映画およびアニメ制作費の支援、学生映画のポストプロダクション作業の支援
多様性映画の制作支援	201.7	芸術映画、アニメ、HD映画の制作支援
映画館施設改善への支援	47.73	入場券統合電算ネットワークの構築運営、スクリーンクォータ遵守活動への支援、身体障害者の観覧環境の改善事業
多様性映画の流通支援	22.24	マーケティング、DVD制作支援
映像文化の活性化事業	128.27	芸術映画専用館、シネマテーク、メディアセンター、ソウル独立映画祭、独立映画館、映画人労働環境の改善
韓国映画国際交流の支援	95.7	国際映画祭出品/参加、マーケティング支援、外国語字幕プリントの制作費支援など
映画人材の養成	102.12	映画アカデミー、映画人の再教育など
学術研究の支援	19.41	研究費支援
映像資料院への支援*	36.58	アーカイブ支援
映画団体事業の支援	95.89	事業費支援
その他	2.83	地方移転の準備、映画発展基金の運用
合計	809.29	

＊南北映画交流事業を含む
出所:映画振興委員会(2008)

振興委員会、2006 c)。

　1995年から2007年まで映画振興金庫は様々な映画振興政策の実行に最も有効な財源としての役割を果たしてきた。具体的には、映画制作に対する融資事業、投資組合への出資、芸術映画やデジタル映画そして独立映画制作の支援、シナリオ公募および開発支援などの政策が映画振興金庫から支援されてきた。1999年から2005年までの映画振興金庫の運用実績をまとめると図表7-5の通りで、これまでの支援の内訳は制作部門に約52%、流通部門に

図表 7-6　映画振興財源の規模の変化（2005～2011 年）

年度	2005 年	2006 年	2007 年	2008 年	2009 年	2010 年	2011 年
事業費	437 億	387 億	341 億	457 億	443 億	394 億	853 億

出所：映画振興委員会（2011b）、22 頁

約 30％、そしてその他の部門に 18％ 程度の支援をしてきたことがわかる。映画振興金庫は 2008 年から映画発展基金の体制に変わっている。

[映画発展基金（2008 年～現在）]

　映画発展基金は 2007 年当時の政府出捐 2,000 億ウォンに、2014 年までの劇場売上の 3％ から支出されるはずの 2,000 億ウォン、そして既存の映画振興金庫の 1,000 億ウォンを合わせて、5,000 億ウォンの巨大な規模で誕生した。しかし、この基金が当時議論の中心にあったスクリーンクォータ制度縮小に対する「補償」的な意味で施行された部分もあり、基金はあるものの戦略的な事業体制は整っていなかった。図表 7-6 を見ると事業規模の面からして映画振興金庫の時とあまり変わらないことがわかる（2011 年だけは大幅に増加している）。また、映画振興金庫の際には事業を実行する過程が単純な構造だったものの、映画発展基金になってからは事業を実施するのに 9 段階もの承認手続きを経なければならない構造になり、事業の実施に時間がかかるようになったのも問題とされている。それに新規財源が確保されておらず、2020 年には基金の残額が底をつくことになると予想され、根本的で積極的な事業展開が求められると言われている（映画振興委員会、2011 b：22）。

[文化芸術振興基金（1972～2001 年）][2]

　この基金は、1972 年に制定された文芸振興法を根拠に文化芸術振興のための事業や活動を支援するために設置されたものである。財源は国庫、公益資金、利子、公演施設と文化財施設の入場料からの一定比率の募金から構成されており、その中で募金が最も高い比率を占めている。文化芸術振興基金による支援は映画産業だけでなく文学・美術・音楽・演劇・舞踊など文化全般に及んでいる（イ・ヒョクサン、2005 b）。映像産業に対する制作支援事業

図表7-7　文化芸術振興基金の映画産業に対する支援金額とその内訳

(単位：百万ウォン)

年度	支援金額	支援事業の内容
1994年	8,000	・映画振興公社の総合撮影所の建設：1,000 ・映画振興公社の映像アカデミーの建設：2,000 ・映画団体を支援する映画振興活動：2,000 ・映画振興金庫への支援：3,000
1995年	8,500	・韓国映画振興公社の映像アカデミーの建設：3,000 ・映画振興金庫への支援（具体的には、制作会社に対する低金利の融資）：3,000 ・映画団体を支援する映画振興活動：2,500
1996年	8,500	・韓国映画振興公社の映像アカデミーの建設：3,000 ・映画振興金庫への支援：3,000 ・映画団体を支援する映画振興活動：2,500
1997年	10,000	・映画振興公社への支援（具体的には、映画振興事業に対する活動支援）：9,000 ・韓国映像資料院に対する支援（具体的には、映画関係文献、資料収集、保存活動に対する支援）：900 ・文化産業支援（具体的には、漫画、ゲームやファッション芸術発展のための事業を支援）：100
1998年	30,285	・映画振興事業：9,000 ・韓国映像資料院の運営：1,000 ・専用上映館の支援：85 ・文化産業支援：200 ・出版産業に対する融資金支援：20,000
1999年	21,300	・映画振興支援：9,000 ・ソウル映像ベンチャーセンター支援：700 ・映像資料保存の支援：1,200 ・文化産業支援：300 ・専用上映館支援：100 ・映画振興金庫支援：10,000
2000年	60,508	・映画振興支援：9,000 ・映像資料保存の支援：1,400 ・専用上映館支援：108 ・映画振興金庫支援：50,000
2001年	8,155	・映画振興支援：7,000 ・映像資料保存の支援：1,100 ・専用上映館支援：55
2002年以降	芸術・伝統文化を中心とした支援体制に変わる。	

出所：韓国文化芸術委員会ホームページ掲載の「文芸振興基金の事業支援内訳」各年を参照して作成

図表7−8 文化芸術振興基金の映画産業に対する支援金額（1994〜2001年）
（単位：百万ウォン）

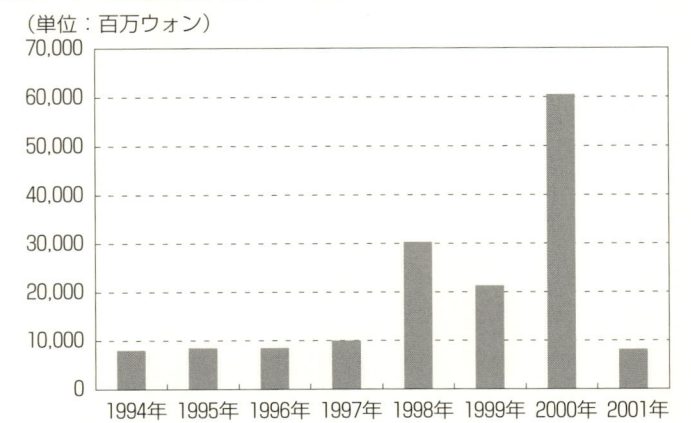

出所：韓国文化芸術委員会ホームページ掲載の「文芸振興基金の事業支援内訳」各年を参照して作成

図表7−9 文化芸術振興基金の財源別助成実績（1973〜2005年）

単位：百万ウォン

区分 年度	募金	国庫	公益資金	宝くじ基金	利子	その他	合計
1973〜1998年	216,674	124,722	152,207	—	206,616	216,660	916,879
1999年	24,496	10,000	3,700	—	54,906	12,004	105,106
2000年	28,791	50,000	3,000	—	46,368	8,381	136,540
2001年	38,293	—	2,000	—	37,552	6,580	84,425
2002年	48,434	—	1,583	—	29,721	18,525	98,263
2003年	53,582	—	2,000	—	26,570	14,372	96,524
2004年	7,943	—	1,700	44,584	28,375	13,158	95,760
2005年	267	—	1,100	49,792	28,839	15,305	95,303
合計	418,480	184,722	167,290	94,376	458,947	304,985	1,628,800
比率(%)	25.7	11.3	10.3	5.8	28.2	18.7	100.0

出所：文化観光部（2006b）、60頁を参照

図表7-10　スクリーンクォータ制度実施国の現状（2003年現在）

国	年間義務上映日数	内容
ギリシャ	28日	―
アルゼンチン	28日	―
ブラジル	49日	―
パキスタン	55日	―
スリランカ	84日	―
スペイン	91〜73日	・2カ所以上スクリーンを所有する劇場は73日 ・1986年からEU映画義務上映制に変更
フランス	140〜112日	・1本のフランス短編映画上映時112日 ・事実上、死文と化した。 ・1967年からフランス映画ではなくEU映画義務上映制度に代わる。
韓国	140〜106日 （2006年に現在の73日に縮小された）	・韓国映画の受給状況を考慮し、20〜40日は短縮可能 ・お盆や年末年始、夏休みなどの繁忙期の期間中に韓国映画を上映する場合と全国統合電算ネットワークに参加する場合には20日軽減可能 ・上記の短縮と軽減日数の合計は最大で40日

出所：国会事務処（2003）55頁

は1994年から本格化し、2000年までは毎年支援額を増加させてきたものの、2001年以降は音楽・文学・舞踊・演劇・伝統芸術などを中心に支援の軸を移し、映像産業に対する支援は大幅に減少した（図表7-7、図表7-8参照）。1994年から2000年まで、文化芸術振興基金は映画の撮影場や映像アカデミー建設を通じて映画産業のインフラ建設に大きく貢献すると共に、映画振興金庫という映画産業振興のための新たな財源蓄積にも重大な役割を果たした。

　一方、文化芸術振興基金の財源の中で高い比率を占めていたのは、映画館入場料からの収入で、映画入場料の8.5％の金額が文化芸術振興基金として確保された。しかし、入場料に強制的に基金のための募金が含まれていることが、国民の財産権に対して国家が過度に侵害している可能性があるということから、募金制度は2004年1月から廃止された。文化芸術振興基金の財

源の内訳は図表7-9の通りで、2004年から新たな財源として現れている宝くじ基金は、入場料に強制的に賦課されていた募金制度の廃止以来の代替財源になっている（文化観光部、2006b：60）。

(3) 支援事業と効果
[スクリーンクォータ制度を通じた国内映画産業保護政策]

韓国の映画支援政策の中でも特徴的で影響力の大きい政策として、スクリーンクォータ制度（国産映画義務上映制度、以下スクリーンクォータ制度）を挙げることができる。スクリーンクォータ制度とは、劇場が自国の映画を一定基準日数以上上映できるようにする制度的装置で、外国映画が過度に国内市場を占めることを防いで国産映画の保護と育成を誘導するための制度である。現在スクリーンクォータ制度を実施している国は韓国を含めて8カ国である（図表7-10）。

また、スクリーンクォータ制度と類似した制度を実施している国には、メキシコ、インド、エジプト、インドネシアを挙げることができる。メキシコでは1997年末に一般廃止されていた同制度を1999年に復活させていたものの、"義務化"ではなく"できるだけ10％（37日）を上映"するように規定するもので、厳密な意味では国産映画義務上映制度とは言えない。また、インドは直接的に制限の手段が規定されているわけではなく、映画審議委員会の審議を通じて外国映画の輸入本数を間接的に調節している。エジプトとインドネシアの場合は、輸入クォータ制度を取り入れており、エジプトは年間300本、インドネシアは年間160本に輸入映画の本数を制限している（国会事務処、2003：55-56）。

韓国で最初にスクリーンクォータ制度が導入されたのは、1966年の映画法全面改正によってのことである。国産映画の保護と育成が主な目標であるスクリーンクォータ制度だが、この制度を導入した当時の状況に対しては、外国映画の輸入を統制することで国民の思想を統制しようとする政治的目的が大きかったとの主張もある（ソ・ソンミン、1998）。しかし、この制度はハリウッド映画から国産映画市場を保護すると共に、国産映画に上映の機会を与えるという意味で、長期間にわたり重要な役割を果たしてきたことは言う

図表7-11 スクリーンクォータ制度に関する法律上の規定の変動

改正時期	条項	内容
1966.12.27 映画法施行令	第25条 国産映画の上映本数	年間6本で、2カ月ごとに1本以上にし、総上映日数は90日以上であるべき。
1970.12.23 映画法施行令	第33条 国産映画の上映義務	年間3本で、4カ月ごとに1本以上にし、総上映日数は30日以上であるべき。
1973.2.16 映画法	第5章第26条 外国映画の上映制限	公演場の経営者は年間映画上映日数の3分の2を超過して外国映画を上映できない。
1985.7.3 映画法施行令	第20条の3 国産映画の上映義務	公演場の経営者は国産映画を年間上映日数の5分の2（146日）以上上映すべきである。（ただし、必要と認められる場合には文化公報部長官は国産映画の上映日数を20日の範囲内で短縮できる）
2006.10.26 映画およびビデオ物の振興に関する法律施行令	第19条 韓国映画の上映義務	映画上映館経営者は毎年1月1日から12月31日まで年間上映日数の5分の1（73日）以上韓国映画を上映すべきである。

出所：映画法、映画振興法、映画およびビデオ物の振興に関する法律を参照して作成

までもない。図表7-11は法律上のスクリーンクォータ制度に関する規定の変動をまとめたものである。最近では、2006年のアメリカとのFTA協定（自由貿易協定：Free Trade Agreement、以下FTA）に先立ち、2006年7月からスクリーンクォータ制度における国産映画の年間義務上映日数は73日に縮小された。

　このようなスクリーンクォータ制度に関しては、韓国国内でも制度維持の賛成派と反対派が対立しているが、制度維持を主張する論者は、韓国のスクリーンクォータ制度が、文化的例外として世界的にも認められている制度であることや、幼稚産業保護という経済的な側面を考慮すべきことと、スクリーンクォータ制度が自由市場の原理に反する保護制度ではなく市場の独占を防ぐ公正な競争の機会を与える最小限の制度であることを強調している。このような国内専門家や映画人の強い意志により、現在もスクリーンクォータ制度は維持されている。制度維持に反対している論者は、国内映画産業を保護し続けるといつまでも競争力がつかないことを理由にしている。

> [1973.2.16　第4次改正映画法]
> 第4章第22条（事業）
> ① 国産映画の振興と映画産業の育成・支援のための計画策定
> ② 国産映画の輸出および外国映画の輸入の斡旋
> ② 国産映画の輸出市場開拓
> ③ 映画の制作および映画制作のための融資
> ④ 映画の振興発展のための調査研究
> ⑤ 映画制作施設の設置および運用
> ⑥ 映画人の福利増進
> その他映画振興に関する事業

出所：法制処ホームページ

［映画支援のための組織による支援内容］

　1960年代半ばから1970年代までに掲げられた支援事業は、直接的な制作支援制度が主流だった。上述したように1970年から設けられた国産映画振興基金は、外国映画の輸入業者が文化公報部に外国映画の輸入推薦を受ける際、映画振興組合に納付した資金から成り立っており、映画会社に制作費を与える形で支援された。しかし、強力な政府の統制の元で限られた企業だけに資金を与える制度は、映画産業の発展によい影響を与えるはずがなかった。1970年代に実施された外国輸入推薦時に国産映画振興基金を納付することで外国映画をコントロールしようとした輸入クォータ制度は、産業の支援に対する依存度だけを高め産業の自生力を弱体化させたと同時に、直接支援制度のために市場の自立的な発展可能性が伸び悩んだのは明白だと主張する論者もいる（パク・ジヨン、2005：265-266）。

　一方、1973年、第4次映画法改正により国産映画の振興と育成・支援のための機構として映画振興公社の設立が成文化され、国産映画振興基金はこの時期から映画振興公社の資金として使われた。この時期から映画振興公社を中心に韓国映画産業の政府による支援が始まった（1973年に改正された映画法第4章第22条を参照）。

　しかし、映画振興公社が設立された初期には、映画産業への支援事業より公社が直接映画制作をすることに力を入れていた。1974年に発表された文

芸中興5年計画に沿って、反共映画・セマウル運動関連映画・(歴史を題材にした) 教育映画が映画振興公社によって制作された。1975年頃までに映画振興公社が行う業務の内容は、直接制作と産業支援の比率が7：3ほどにまで達していたが、1975年以降は直接制作を取りやめ、産業支援に方向転換をした（中央日報、1975.4.2、4面）。

　映画振興公社が毎年発行していた『韓国映画年鑑』には、その年に行うべき映画施策が毎年発表され、映画制作本数や輸入本数、そして輸入映画の基準などが細かく指示された映画の需給計画が示されていた。また、検閲に関する基準や輸出される国産映画の基準、合作映画制作に対する許可、国産映画に外国人を出演させる時の承認など、細かい規定まで全部が映画振興公社によって決められていた。これらの施策による映画産業に対する制限は1985年の施策から緩和され、1988年からはこれらの施策が姿を消した。

　一方、映画振興公社は施策による規制と共に、映画産業振興のための様々な事業も行ってきた。映画振興公社はシナリオ・バンクの設置や融資事業、設備投資などの支援を展開した。代表的な設備投資としては1978年に完成した総工事費およそ4億4,000万ウォンが投入された録音室（中央日報、1978.9.18、4面）や特殊撮影室、1980年に完成した現像室などを挙げることができる。これらの設備投資に対しては、過去の映画政策に比べて進んだ政策だったという評価（パク・ジヨン、2005：236）も得た一方、民間領域の自立的技術力を荒廃化する副作用を招いた（イ・ヒョクサン、2005a、40：キム・ミヒョン他、2002：95－96）という批判も相次いだ。なお映画振興公社が2000年に映画振興委員会として再出発するまでに実行した支援事業は図表7－12の通りである。

　1980年代に入ってからの映画産業は「市場開放」と「規制緩和」という世界的潮流に乗らざるを得なくなった。図表7－12によると、その潮流に備えるため韓国政府が工夫を凝らして国内映画産業に対する支援を行いはじめたことがうかがえる。1980年代前半まではシナリオ公募や既存の映画人に対する教育、映画振興公社が厳選した映画だけを国際映画祭に出品するなど、消極的な支援にとどまっていたが、1980年代半ばからは「よい映画」の選定、映画制作に対する融資事業や映画制作に対する事前支援などを通じて積

図表 7-12　映画振興公社の支援事業内容（1979～1999 年）

年度	分野	内容
1979 年～1981 年	制作	シナリオ公募（300 万ウォン～500 万ウォン）
	インフラ構築（設備・人材）	映画人教養講座、国内映画賞受賞者の外国見学、映画専攻学生に奨学金支給、映画人の日本研修、助監督教育、現像施設導入、録音施設・特殊撮影施設・編集施設・試写室の開設、フィルム保管所運営補助
	流通	国内の映画祭開催、映画輸出支援（輸出用プリント制作支援、英文の海外広報資料制作、アメリカ連絡事務所）、外国映画の輸入を斡旋、国際映画祭出品支援
1982 年～1983 年	制作	シナリオ公募（予算を拡大）、シナリオ無償貸出、制作奨励費支援、文化映画制作支援
	インフラ構築（設備・人材）	映画人海外研修、制作施設運用、制作施設増強、フィルム保管所運営補助
	流通	外国映画輸出斡旋、国産映画輸出斡旋、国際映画祭参加支援（これまで映画祭出品を公社が選定し費用を負担していたが、1982 年から制作者の自立的な参加を進め出品範囲を拡大）
1984 年～1985 年	制作	韓国的な素材の発掘、創案アイデア公募、シナリオ公募
	インフラ構築（設備・人材）	韓国映画アカデミーを設立・運営、新人養成教育、映画人教育（技術講座・海外研修・海外視察）、映画制作施設運営、フィルム保管所運営補助
	流通	映画祭開催、国際映画祭参加支援、海外見本市参加支援
1986 年～1989 年	制作	「よい映画」選定、映画制作費融資（1986 年には 31 億ウォン：劇映画 58 本、文化映画 28 本、1987 年には 108 億ウォン：298 本）、素材公募、シナリオ公募
	インフラ構築（設備・人材）	海外映画人招請講座、技術研修、制作施設運営、機材導入
	流通	国際映画祭などに活用するためのプリントおよび宣伝材料制作、国際映画祭参加、見本市参加
1990 年～1994 年	制作	「よい映画」選定、映画制作事前支援（1990 年：1 本当り 3,000 万ウォン、1992 年：4 本各 3,000 万ウォン）、シナリオ公募
	インフラ構築（設備・人材）	総合撮影所建設、機材導入、海外技術研修
	流通	国際映画祭参加支援および受賞時は副賞、見本市参加、国際映画交流行事開催および支援、「よい映画を見る」キャンペーン
1995 年～1999 年	制作	映画振興金庫運営（1995 年：60 億ウォン基金助成、24 カ所 46 億 5,000 万ウォン融資、1996 年：100 億ウォン基金創設、18 カ所 34 億 8,200 万ウォン支援、1997 年：130 億ウォン基金助成、30 カ所 55 億 9,560 万ウォン支援、1998 年：170 億ウォン基金助成、版権担保融資・物権担保融資）、「よい映画」選定
	インフラ構築（設備・人材）	総合撮影所建設、機材導入、海外技術研修
	流通	国際映画祭参加支援および受賞時は副賞、見本市参加、国際映画交流行事開催および支援

出所：映画振興公社（1979～1998）、映画振興委員会（2000a）を参照して作成

図表7-13 「よい映画」選定作品（1986～1997年）

年度	支援内容	選定作品数
1986年	1本当り 1,500万ウォン （制作会社100%）	8本
1987年		9本
1988年	1本当り 2,000万ウォン	3本
1989年	1本当り 3,000万ウォン （制作会社40%、スタッフ60%）	17本
1990年		18本
1991年		14本
1992年		12本
1993年	1本当り 5,000万ウォン （制作会社40%、スタッフ60%）	10本
1994年		10本
1995年		10本
1996年	1本当り 5,000万ウォン （制作会社60% 実物支援、スタッフ60%）	6本
1997年		7本

出所：イ・ヒョクサン（2005a）54-55頁を参照して作成

極的な制作費支援を行いはじめた。1970年代からあった毎年「優秀映画」を選定する制度を1980年代半ばから「よい映画」選定に変え、制作された映画に対して支援金を支給しマーケティングに活用させた制度は、政府の映画に対する姿勢の変化を読み取れる事業の一つである。それまでの「優秀映画」の選定基準は政府が推進する政策に賛同する映画を意味していたが、「よい映画」は芸術的価値に焦点を合わせたものであった。これらの支援は段階的に強化され「よい映画」に支給する支援金の金額も毎年増加した（図表7-13参照）。そして、映画制作の前に優れた企画とシナリオを持っている映画に対して制作費を支援するシナリオ公募事業は、1989年には1本当りの支援金額が3,000万ウォンだったものが、1991年～1992年には5,000万ウォンへ、1993年には1億ウォンに上るなど年々増加の傾向にあった。

このように、支援事業が積極的な内容に変わった背景には、1985年に改正された映画法が影響していた。まず、国内市場の競争力を高めるために映画産業への参入を自由化すると共に、独立映画制作制度を導入した。この改

正映画法はアメリカの市場開放の圧力に備えるための法的な準備だったと評価されている反面、改正後の翌年には外国に映画市場が開放されたため、韓国映画産業は基盤を固める時間が与えられないまま危機的状況に陥ってしまった（安芝慧、2005：283）という批判もある。また、この時期にはそれまで映画業者に納付してもらっていた国産映画振興基金の条項を1986年の第6次改正映画法で削除し、その代わり映画振興公社の運営と事業に必要な資金を政府が補助できる条項を設け、政府による映画産業の支援体制を整えた。それまで映画産業の発展の妨げになっていた規制と、外国から国内市場を保護する装置として働いていた規制が両方とも大幅に緩和されたが、それと共に政府の支援体制・支援事業の内容も段階的に強化された。

　一方、映画振興公社を通じた人材育成政策は、1984年に韓国映画アカデミーを設立したことで本格化した。今年（2013年）で29年目を迎えたこのアカデミーでは、映画監督や撮影監督プロデューサー、アニメ制作者など映画界における多数の専門的人材を輩出し、現在の韓国映画界は彼らによって動かされていると言ってもよい。韓国で興行成績を挙げた大作に彼らが多く関わっていることはもちろん、日本でも公開された映画や国際映画祭で受賞した多くの映画が彼らの手によって制作されている。例えば、ペ・ヨンジュンの出演で話題になった『スキャンダル』と『四月の雪』は、7期卒業生のイ・ジェヨン監督と9期卒業生のホ・ジノ監督によって制作された。また国際映画祭で話題となった『殺人の追憶』や日本で公開され話題になった『グエムル―漢江の怪物』を制作したのも11期卒業生のポン・ジュノ監督である。その他にも『大統領の理髪師』や『二重スパイ』、『美術館の隣の動物園』など日本でもおなじみの映画の多くが同アカデミー出身の監督によって手がけられた。韓国映画アカデミーの歴史をまとめると以下の通りであり、現在は「映画演出」、「撮影」、「アニメ演出」、「プロデュース」の四つの課程を設け、ストーリー構成や録音・特殊効果・撮影・照明・演出・編集など多様な機能を総合的に教育している[3]（図表7-14参照）。

　文民政府を標榜する金泳三（キム・ヨンサム）政権に入ってからは文化産業に対する政府の認識が一層高まり、1993年には産業発展戦略部門に映像産業を「製造業関連知識サービス産業」と明示し、製造業レベルの金融・税

図表7-14　韓国映画アカデミーの歴史（1980年代～現在）

年代	内容
1980年代	1984年　映画振興公社付設韓国映画アカデミーがスタート（第1期演出専攻12名選抜） 1985年　1期の10名卒業
1990年代	1995　映画振興公社をホンルン社屋に移転 1999　映画振興公社を映画振興委員会に改編 　　　学校の制度を2年制に改編 　　　韓国アニメ芸術アカデミー開業（第1期　アニメ演出専攻12名を選抜）
2000年代	2001　ソウル中区所在の校舎に移転 　　　韓国アニメ芸術アカデミーがスタート（第1期アニメ演出専攻12名選抜） 2003　現場の映画人の教育を開始 2004　マポグのソギョドンに校舎を移転 2005　プロデューサー専攻を新設、定期課程と制作研究過程の二元化された学制改編 2006　学制改編による正規課程の教育開始 2007　制作研究課程を新設、日韓プロデュース・ワークショップを開始 2008　映画人教育制作センターがスタート 2009　制作研究課程1、2期の長編映画とアニメ8本が公開 2011　シナリオ専攻を新設、正規課程、制作研究課程を統合して学制を改編、制作研究課程3期の長編映画とアニメ5本が公開

出所：韓国映画アカデミーのホームページ

制支援のための基盤を構築するという方針を明らかにした。これは映画産業に対して製造業水準の金融税制支援を行うことの表れであった（中央日報、1993.7.23、2面；安芝慧、2005：306）。その後、金大中（キム・デジュン）政権になってからは文化予算が国家全体予算の中で1％を超えるなど、文化産業全体に対してさらに積極的な支援体制が整えられた。この時期に新たに登場した支援方法としては、映画制作の投資組合の結成により映画界以外からの資本流入を図ったことである。その他にも映画チケットの売り上げを瞬時に把握できる入場券統合電算ネットワークの確立、芸術映画専用のシアター建設など、間接的に映画産業の全般をサポートする制度への移行が目立ちはじめた。現在は、映画制作の全プロセスにおける多様な支援を行って

図表7-15　映画振興委員会の海外進出拡大関連事業予算の変動（2002年～2007年）
（単位：千ウォン）

年	予算
2002年	約600,000
2003年	約1,400,000
2004年	約1,500,000
2005年	約1,650,000
2007年	約2,850,000

＊2006年のデータは欠落
出所：映画振興委員会の「予算書」各年号（2002年～2007年）を映画振興委員会ホームページを参照して作成

おり、制作費補助のような直接支援と共に、インフラや環境整備に重点を置いた間接支援に転じている。

　また、1970年代に輸出で成功を収めた製造業での経験を元に、早くから映画産業にも同じく輸出促進のための政策が策定されたことも事実である。しかし、輸出を目的とした映画を映画振興公社が直接制作したり、さらに1981年までは国際映画祭に出品する映画も映画振興公社が厳選するなど、事実上政府が映画産業の活性化の妨げになっていたため、輸出促進に関連した政策が効果的だったとは言えない。映画の輸出促進のためには、当初は、国際映画際への出品のための金銭的支援、海外における韓国映画広報イベントの開催（1980年代後半～1997年）などを中心にしていたが、最近は輸出時の翻訳・字幕の作成、カンファレンス開催による海外ネットワーク構築、在外韓国人に対する低予算映画の制作支援、合作映画の制作支援など、韓国映画輸出に直接係る支援と共に相手国との共存を模索する、より多様化された支援策を打ち出している。このような外国市場進出に関連する事業の関連予算は、図表7-15の通り近年は毎年増加の傾向にあり、外国市場進出に政府が抱えている期待感をうかがうことができる。次の図表7-16は2008年に計画・実施された各分野別支援政策の一覧である。

図表7-16　2008年度の映画産業振興政策

分野	事業名
企画	南北映画交流支援
	シナリオマーケット運営
	共同制作活性化
	グローバル制作人材養成：Docu DL（Development Lab）
	グローバル制作人材養成：FDL
	グローバル制作人材養成：PDラボ参加
	ビジネス企画力量強化：アメリカ
	ビジネス企画力量強化：日本
	ビジネス企画力量強化：中国
制作	HD映画制作支援（予算：1本当り3億ウォン、5本以内）
	独立映画制作支援（予算：劇映画は1本当り4億5,000万ウォン、ドキュメンタリーは1億5,000万ウォン）
	芸術映画制作支援（予算：1本当り4億ウォンを7本以内）
	投資組合の出資（出資規模：80億ウォン）
流通（配給・上映）	流通環境改善の融資（予算：40億ウォン）
	付加市場の流通管理システム
	著作権保護活動の支援
	入場券統合電算ネットワーク運営
	公共上映・流通支援
	専用館の運営支援
	韓国映画の海外劇場における公開支援
海外広報マーケティング	国際交流
	国際映画祭＆マーケットへの参加
	ネットワークの体系化と市場調査
	ネットワークの体系化と市場調査：LA事務所の運営
	市場開拓の企画イベント：アメリカ大陸
	市場開拓の企画イベント：日本
	市場開拓の企画イベント：中国
	優秀韓国映画DVDの制作と配布
	字幕プリントの制作支援
	韓国映画の海外広報
教育	韓国映画アカデミー運営
	現場人材の専門性強化教育
技術R&D	デジタルシネマの技術開発ロードマップ樹立
	デジタルシネマ技術教育
	デジタルシネマ技術力量の強化
	デジタルシネマ技術知識と情報拡散
	デジタルシネマ技術標準化
	デジタルシネマテストベッド運営
	デジタルシネマ協議体の運営
	学生映画と独立映画のポストプロダクション現物支援事業
研究調査	映画年鑑など出版
	映画産業と文化基礎調査
	映画政策研究
	映画人勤労環境改善
学術支援	学術研究支援

出所：映画振興委員会ホームページを参照して作成

これまでの政府が実行してきた振興政策内容の変動傾向をまとめると、1980年代半ばまでは厳しい参入規制と内容規制の下で映画産業発展をコントロールしようという試みが強かったが、1980年代後半からはグローバル化の波ですぐ開放せざるを得ない国内映画市場の基盤を固めるため、1990年代までに専門人材育成のための教育機関を設立、撮影所建設や機材導入のようなインフラの充実、映画制作に対する制作費支援と融資事業などに力を入れ始めた。2000年以降には、予算を大幅に増やしてそれまでの支援事業を一層強化すると共に、支援政策が映画制作の全工程に行き渡るように分野も多様化した。また、外国へのマーケティングや広報活動もターゲットを絞って集中的な支援を行っている。その他にも、社会の低所得階層に対する文化享受の機会を提供、独立低予算映画への支援、外国の人材教育、学生映画支援など、公共性を重視した分野にも目を向けている。

1) 文化映画とは、社会、経済、文化の諸現象の中で教育的・文化的効果、および社会風習などを描写・説明するために事実の記録を中心として制作された映画である（1962年に制定された映画法の第2条の③）。
2) 2002年以降は芸術・伝統文化を中心とした支援体制に変わっているため、本書では2001年までの支援を中心に記述する。
3) 韓国映画アカデミーのカリキュラムは資料Ⅲを参照。

第四部
韓国映像コンテンツ産業と政策の関わり

第8章　放送産業と政策の関わり

　この章では、韓国でこれまで実行された政策が、韓国が情報の送り手国へと変貌するのにどのような役割を果たしたのかを明らかにすることを目的とする。具体的には放送産業の市場規模の変動を段階別に分類し、主な変動時期に実施された政策がその変動にどのような役割を果たしたのかを説明する。

　図表8-1は、韓国放送産業の市場規模の変動を1960年代から現在まで、イメージで表したものである。1960年代から1970年代までは受信料と放送広告費などを合計して推計したものを、そして1980年から2005年までのデータは韓国言論財団が運営するメディア統計情報システムのホームページから得られたデータを用い、それらを総合して作成している。このグラフによると、韓国の放送産業は1980年代から市場規模が拡大しはじめと1990年代に急激に伸びたものの、1990年代後半に若干停滞した。そして、2000年

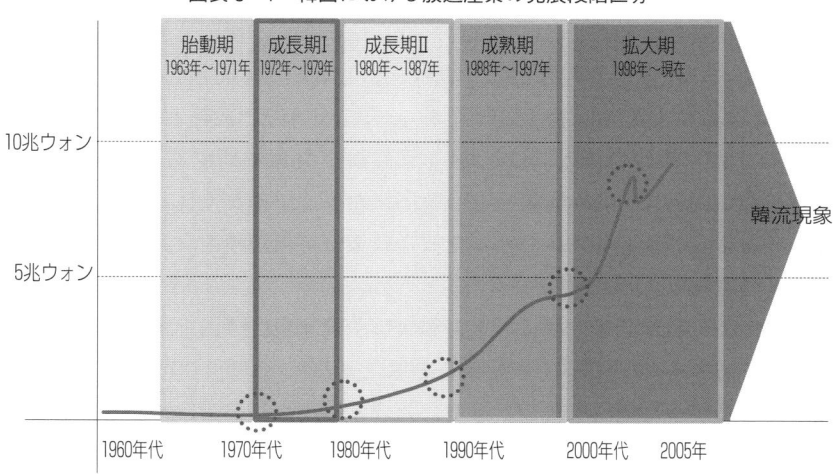

図表8-1　韓国における放送産業の発展段階区分

胎動期　1963年～1971年
成長期I　1972年～1979年
成長期II　1980年～1987年
成熟期　1988年～1997年
拡大期　1998年～現在

韓流現象

出所：1960年代と1970年代はテレビ受信料と広告費（ジョン・スンイル／ジャン・ハンソン（2000）、第一企画（1980））などの合計で推計、1980年～2005年のデータは韓国言論財団メディア統計情報システムのホームページを参照して作成

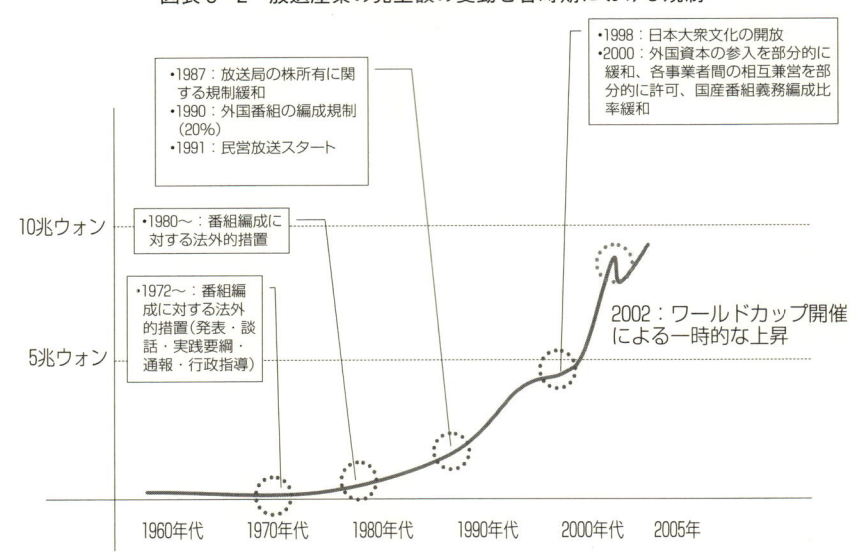

図表 8-2　放送産業の売上額の変動と各時期における規制

- 1987：放送局の株所有に関する規制緩和
- 1990：外国番組の編成規制（20%）
- 1991：民営放送スタート

- 1998：日本大衆文化の開放
- 2000：外国資本の参入を部分的に緩和、各事業者間の相互兼営を部分的に許可、国産番組義務編成比率緩和

10兆ウォン

- 1980～：番組編成に対する法外的措置

5兆ウォン

- 1972～：番組編成に対する法外的措置（発表・談話・実践要綱・通報・行政指導）

2002：ワールドカップ開催による一時的な上昇

1960年代　1970年代　1980年代　1990年代　2000年代　2005年

頃から再び大幅に増大しているが、この時期は韓流現象が発生した頃と時期を同じくしている。

放送市場規模の変動が特に目立つ時期を境にして、韓国放送産業の発展段階を分類すると、胎動期は 1963 年から 1971 年まで、成長期Ⅰは 1972 年から 1979 年まで、成長期Ⅱは 1980 年から 1987 年まで、成熟期は 1988 年から 1997 年まで、最後の拡大期は 1998 年から調査対象時期である 2005 年までとなった。偶然にも各段階の区分は韓国において政権が交代した時期とおおむね一致しており、各政権がとった放送政策が市場規模の変動に影響したことが推察される。

その図表に韓国政府の放送産業振興政策や関連規制の内容を重ね合わせたものが、図表 8-2 と 8-3 である。まず、図表 8-2 は放送産業の市場規模に主な変動が現れた時期に放送産業における参入規制と編成規制などはどのような内容だったのかを示したものである。

一方、各時期における放送産業に対する支援政策は図表 8-3 の通りに示すことができる。

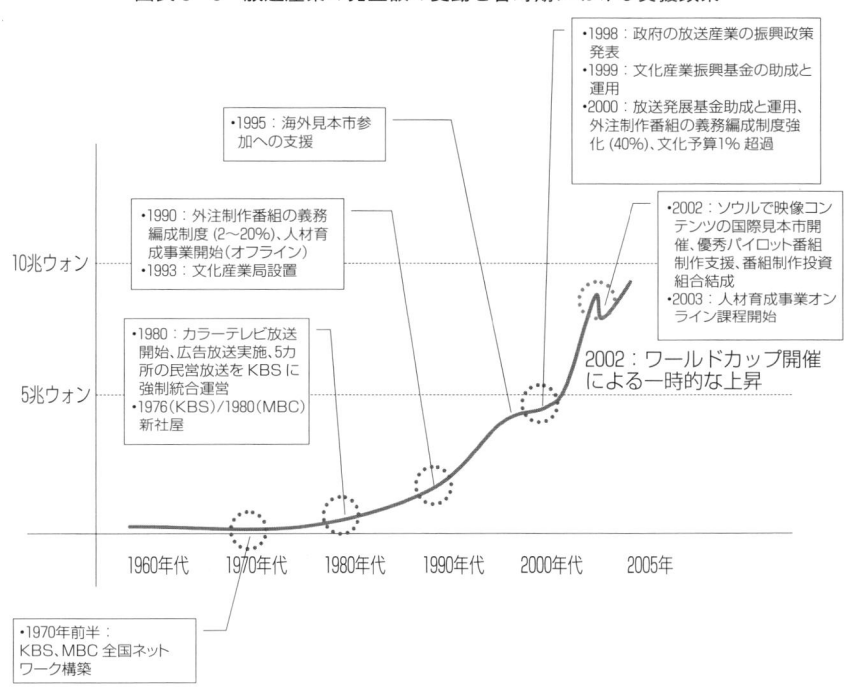

図表8−3　放送産業の売上額の変動と各時期における支援政策

- 1998：政府の放送産業の振興政策発表
- 1999：文化産業振興基金の助成と運用
- 2000：放送発展基金助成と運用、外注制作番組の義務編成制度強化(40%)、文化予算1%超過

- 1995：海外見本市参加への支援

- 1990：外注制作番組の義務編成制度(2〜20%)、人材育成事業開始(オフライン)
- 1993：文化産業局設置

- 2002：ソウルで映像コンテンツの国際見本市開催、優秀パイロット番組制作支援、番組制作投資組合結成
- 2003：人材育成事業オンライン課程開始

10兆ウォン

- 1980：カラーテレビ放送開始、広告放送実施、5カ所の民営放送をKBSに強制統合運営
- 1976(KBS)/1980(MBC)新社屋

2002：ワールドカップ開催による一時的な上昇

5兆ウォン

1960年代　1970年代　1980年代　1990年代　2000年代　2005年

- 1970年前半：KBS、MBC全国ネットワーク構築

　上記の図表に関する説明をまとめて、各段階が次の段階に移行する時の市場規模の拡大メカニズムを整理すると以下の通りである。

1　国内市場と政策

　胎動期と区分した1960年代に整備された放送法には、国営放送の財政問題を解決するための視聴料徴収、内容規制、放送局新設のための許可基準など放送産業の骨組みに当たる基礎的な内容が含まれていた。この時期には、テレビ受信機の普及はあまり拡大されず、広告媒体としての影響力はまだラジオに追いつかない状況だったため、放送産業に対する法的規制の比較的簡単な内容だけがまとめられていた。一方、実際のテレビ放送を行うことに関しては制作・編成の経験が浅く、スタジオや機材などのインフラと技術力が

不足していたため、外国（特にアメリカ）から輸入した番組を多く編成する傾向があった時期であった。

　胎動期から成長期Ⅰに移行する1970年代前半からはKBSとMBCの全国ネットワークが構築され、テレビ受信機の普及が加速化しはじめた。テレビ受信機の普及は、一般大衆の生活に根づいた娯楽としてテレビ放送が定着したことを意味し、直ちに強力な広告媒体としての役割が与えられた。したがってテレビ放送の広告費も1970年代から急激に増加し、産業規模も拡大しはじめた。また、大衆への多大な影響力を獲得したテレビ放送に対して規制が必要と判断した当時の軍事政権は、様々な法外的装置を動因し、政権維持の正当性や国論統一を訴える番組制作と編成を促した。

　成長期Ⅰが成長期Ⅱに転換した時期は、このような現実が反映され韓国放送界に大きな変化があった時期である。新たな軍事政権は一層厳しい言論統制のため言論機関を集約するとともに、すべてのメディア機関を束ねる言論基本法を制定した。放送局はその言論統廃合により、DBS・TBCなど民営放送がKBSに統合され、KBSとMBCの2大放送局が誕生した。KBSは民放を吸収・統合したことにより、放送網の拡張を迫られ、送信施設の拡大と送信出力の増強を中心に規模の拡大に努めた。また、1980年から始まったカラー放送によって番組がさらに多様化され、広告市場におけるテレビの地位は確固たるものになった。この言論統廃合による強制的な組織改編は、結果的に放送産業の資源を大手2局に集約させ量的な成長の基盤を整えた。

　次に、成長期Ⅱから成熟期への転換には「民主化」という大きな政治体制の変動が放送市場の拡大に影響した。成長期Ⅱの時期までは、2大放送局の規模は増大し放送局間の視聴率競争は激しかったにもかかわらず、放送産業は軍事政権の方針によってコントロールされていたため、市場原理が働く環境の生成には至らなかった。それまで2大地上波放送局は垂直統合されており独占的な市場構造だったため、他の企業が参入できる環境ではなかった。しかし、成長期Ⅱから成熟期に変わる1989年頃には放送業界にかかっていた政治的な抑圧がそれ以前よりは緩和されたことで、放送産業の成長につながるいくつかの要因が現れた。まず、10年近く姿を消していた民営放送が復活し、一気に産業全体の規模が拡大した。さらに、それまで放送産業を世

論形成に影響を及ぼすメディアという視点で規制してきた政府が、映像・音楽・出版など文化的副産物に関わる分野を国家が支援すべき価値産業として認識しはじめた。具体的に見ると、1993年には当時の文化体育部の中に文化産業局を設置、1995年からテレビ番組輸出を促進させるためメディア企業に対する海外見本市参加への支援政策を実施するなど放送産業支援への第一歩が始まった。また、1990年から放送業界に携わっている人を対象に人材育成支援制度をスタートさせるとともに、1991年から外注制作番組の義務編成制度を導入した。外注制作番組の義務編成制度の導入は、それまで地上波放送局に独占されていた放送業界における競争原理の導入と制作市場の活性化を図るための施策だった。外注制作番組の義務編成制度の導入による独立制作会社の育成は、地上波放送局とその他の事業者との力の不均衡を是正するとともに制作基盤の強化による新しいメディア環境への対応などのための重要課題だった（金正勲、2007：35）。しかし、外注制作番組の義務編成制度によって独立制作会社の数は増加したものの、いまだに放送局との不均衡な契約条件などが問題となっており、真の意味で新しいメディア環境造成のためには解決すべき問題が残っている。また、この時期にソウルで開催されたオリンピック大会は放送産業における莫大な広告収入をもたらし、放送業界に番組制作の経験と自信を与えた。

　成熟期から拡大期に転換した1998年頃から2005年までは、放送産業の売上額が最も飛躍的に伸びた時期である。1998年頃に最も大きく変動したのは、韓国が日本との国交樹立後はじめて政権が交代したことであろう。新たに政権を握った金大中（キム・デジュン）政権は、1997年に起きた経済的な失敗の原因が権威主義的な政府の干渉と官治金融[1]にあるとし、その危機的状況から脱するため「民主主義と市場経済の併行発展」を国政目標とした（渡邊、2003：86-87）。放送産業においては、1998年に放送産業を高付加価値を生む産業と位置づけ、文化観光部が放送映像産業振興計画を発表し、本格的な支援体制の準備を始めた。2000年には再び放送法を全面改正、放送業界に対する外国資本の出資を認め、大手企業や言論社に対する放送への参入規制を大幅に緩和した結果、衛星放送事業者と多数の放送チャンネル事業者が2000年以降に登場した。

以上をまとめると、胎動期から成長期Ⅰへの移行は、テレビ受信機普及によるテレビ放送の大衆娯楽としての定着が産業拡大につながったものと言える。より広く見れば、テレビ受信機の普及や広告費の増加は、韓国の経済成長から起因したものとも言えるだろう。
　また、成長期Ⅰから成長期Ⅱへの移行には、放送産業における組織再編が影響した。活性化のための再編ではなく統制のための再編だったものの、結果的に資本を集中させ、インフラを拡充し、大手2社間の競争を誘発した。
　成長期Ⅱから成熟期への移行には、政治の民主化が大きく作用した。民主化により、それまでの厳しい参入規制が緩和され、放送産業に競争原理が導入された。政府の政策転換が産業への活性化をもたらしたのである。
　成熟期から拡大期への移行には、多チャンネル化という環境的要因が産業拡大に大きく影響した。政府は成熟期に実施した規制緩和をさらに進めると同時に、特に2000年からは制作・流通・インフラ・輸出の各部門に対する支援制度に基金や国庫からの予算を投じはじめ、結果的に制作会社の増加、外注制作比率の増大、そして制作環境の拡充、優秀な人材の輩出につなげることができた。

2　外国市場と政策

　外国に対する韓国の放送番組流通だけに焦点を合わせ、番組輸出額の変動に輸出振興のための関連政策の開始時期を重ね合わせてみると、次の図表8-4の通りになる。実際の番組輸出額は、アジア諸国で社会現象として韓流現象が流行した時期の後に大きく伸びていることがわかる。つまり、流行や社会現象としての韓流現象と、番組の流通量とそれに伴う収益としての韓流現象には時間的なずれがあり、韓国における本格的な映像コンテンツ産業の支援政策はその間の時期に策定され運用されはじめた。しかし、実際輸出額が大幅に伸びた2003年以降の輸出先と輸出金額の内訳を調べると、輸出額が大幅に伸びた原因は日本で韓流現象が起きたため日本への輸出額が増加したことであり、政策実施による輸出の増加が影響したわけではない。2001年以降、韓国の放送番組輸出額はすべての輸出先で伸びており、輸出先も多

図表8－4　番組輸出量変動と輸出振興政策の開始時期

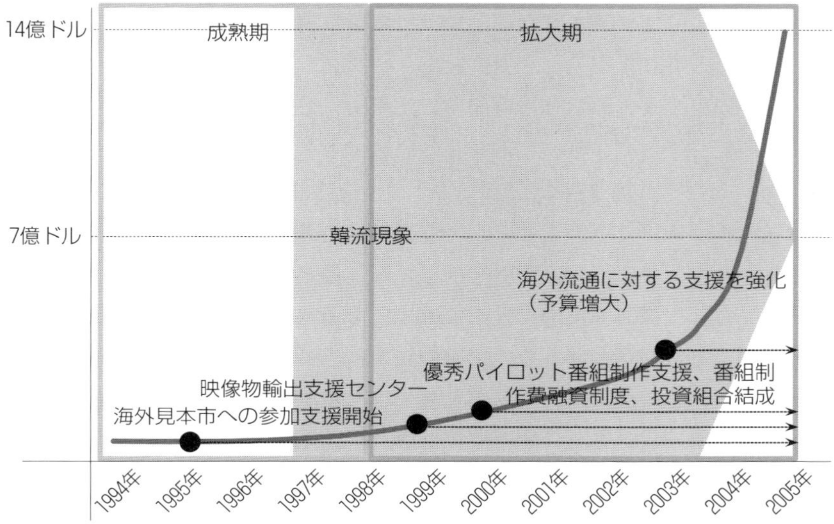
14億ドル
7億ドル
成熟期
拡大期
韓流現象
海外流通に対する支援を強化（予算増大）
優秀パイロット番組制作支援、番組制作費融資制度、投資組合結成
映像物輸出支援センター
海外見本市への参加支援開始
1994年
1995年
1996年
1997年
1998年
1999年
2000年
2001年
2002年
2003年
2004年
2005年

様化しているが、特に日本に対する輸出額は2001年から2005年の5年間で50倍以上も増えて、全体輸出額の60% 以上を占めている。一方、輸出振興政策が実行される以前に輸出先としてなじみのなかった国に対する輸出額が増えた部分に関しては、輸出振興政策が成果を挙げた部分もあると言えるだろう。特に、アラブ諸国やヨーロッパ諸国の国々が参加する見本市に対する支援制度は、放送局や小規模の独立制作会社が独自で市場を開拓するには人材・資本の面で難しい部分があったが、輸出振興政策はこうした部分に手助けをした。韓国で実施したインタビュー調査でも、それまで輸出先としてなじみのなかった市場に対する輸出用のポストプロダクションや見本市での商談のサポート、マーケティング活動などに対する支援は効果的であるとの発言があった。実際、輸出に関連した振興政策の実行以前と以降を比べると、実行以降は輸出先が多様化し、彼らに対する輸出額も年々増加している。しかし、輸出額の大部分を占めている日本への輸出額が増加したことに対しては、政策が働いた結果だとは言い切れない部分がある。インタビュー調査でも、隙間市場における需要が日本にあったことや、他国に比べ日本に対する

番組販売価格が高かったこと、日本市場における番組素材のマルチユースが民間業者によって展開されたことなど、政策に起因しない環境的な要素が大きく働いたとも言える。

　上記の内容をまとめると、韓国の放送産業における変動には必然的に政府方針の変化が絡んでおり、放送産業の成長にも産業振興政策は確かに貢献していた。また、外国（特に、先進諸国）からの影響力を排除し、国内における放送産業の活性化を図ることができたのは、長期間にわたって続けられてきた外国産コンテンツに対する様々な規制の役割が大きかったことは否定できない。特に、最も地理的に近くて競争力を備えていた日本の大衆文化の流入を規制していたことは、その間国内企業に成長できる時間的猶予を与えた。しかし、それらの要因が韓流現象を発生させる直接的な原因になったとは言いがたい。韓国放送番組の流行現象は受け手諸国における内部の問題に起因している場合が多く、むしろ、アジア諸国で韓流現象が発生した後に、韓流現象の維持や拡大に努めるという目標を持った政府によって、放送産業振興政策が本格化したと言える。韓流現象の発生により、韓国政府は放送産業に対する支援の根拠を手に入れたと言えよう。

1）　政府がどの企業のどの事業に融資するかを銀行に指示すること。

第 9 章　映画産業と政策の関わり

　韓国における映画産業政策の歴史は、国内映画産業の保護、そして外国映画との戦いの歴史とも言える。これまで実行されてきたほとんどの政策は、外国映画の輸入から得た利潤を国内映画産業の成長に還元できるシステム構築と、国内映画産業に支援を行うための安定的な財源の確保が主な目的であった。ここでは、それらの政策が映画産業の各発展段階に与えた影響を映画市場規模の変化と照らし合わせてみる。

　以下の図表9－1からもわかるように、韓国における映画産業の市場規模はいくつかの成長の段階を経て2000年以降飛躍的に伸びはじめた。また、東アジア地域で韓流現象が起きはじめたのは、韓国の映画産業が伸びはじめた時期、つまり韓国国内の劇場売上規模が増加した頃と時期を共にしている。

　このグラフでは、韓国における映画市場規模の主な変動時期に点線の円印をつけ、韓国の映画産業に対する政府の政策と産業の成長を段階別に分類し

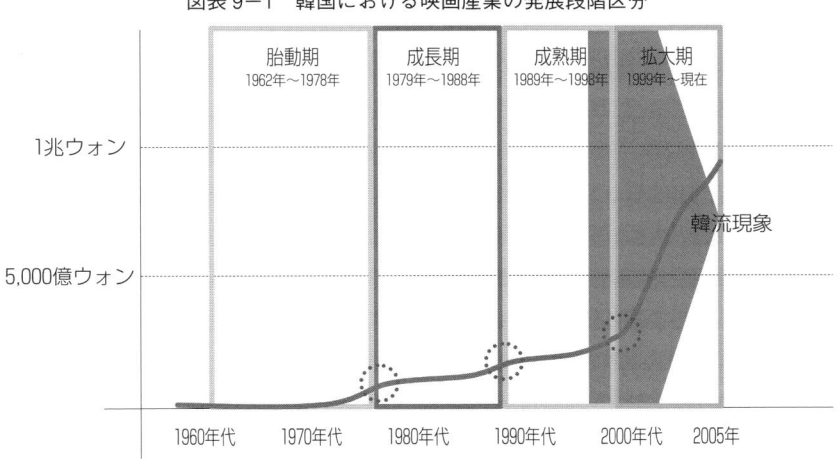

図表9－1　韓国における映画産業の発展段階区分

胎動期	成長期	成熟期	拡大期
1962年～1978年	1979年～1988年	1989年～1998年	1999年～現在

図表9－2　映画産業の売上額の変動と各時期における規制

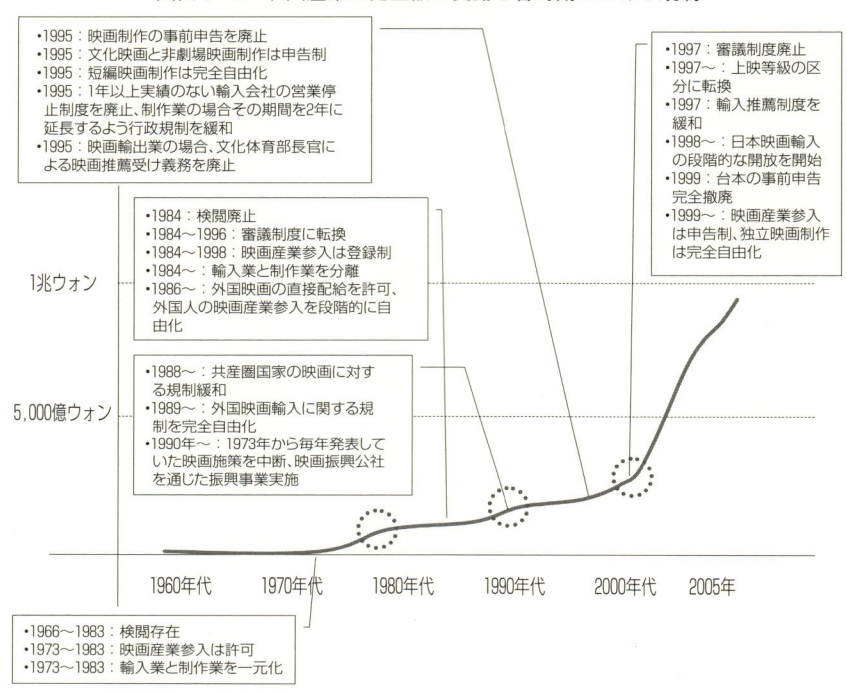

- 1995：映画制作の事前申告を廃止
- 1995：文化映画と非劇場映画制作は申告制
- 1995：短編映画制作は完全自由化
- 1995：1年以上実績のない輸入会社の営業停止制度を廃止、制作業の場合その期間を2年に延長するよう行政規制を緩和
- 1995：映画輸出業の場合、文化体育部長官による映画推薦受け義務を廃止

- 1997：審議制度廃止
- 1997～：上映等級の区分に転換
- 1997：輸入推薦制度を緩和
- 1998：日本映画輸入の段階的な開放を開始
- 1999：台本の事前申告完全撤廃
- 1999～：映画産業参入は申告制、独立映画制作は完全自由化

- 1984：検閲廃止
- 1984～1996：審議制度に転換
- 1984～1998：映画産業参入は登録制
- 1984～：輸入業と制作業を分離
- 1986：外国映画の直接配給を許可、外国人の映画産業参入を段階的に自由化

- 1988～：共産圏国家の映画に対する規制緩和
- 1989～：外国映画輸入に関する規制を完全自由化
- 1990年～：1973年から毎年発表していた映画施策を中断、映画振興公社を通じた振興事業実施

1兆ウォン

5,000億ウォン

1960年代　1970年代　1980年代　1990年代　2000年代　2005年

- 1966～1983：検閲存在
- 1973～1983：映画産業参入は許可
- 1973～1983：輸入業と制作業を一元化

た。1962年～1978年を胎動期に、1979年～1988年を成長期に、1989年～1999年を成熟期に、1999年～調査対象時期である2005年を拡大期に分類した。放送産業においては各段階の分類時期が政権の交代時期と一致していたが、映画産業の拡大段階は政権交代時期とは若干ずれている。

　上記の図表における市場規模の大きな変動の時期に政府がとった映画産業振興政策や関連規制の内容を重ね合わせたものが、図表9－2と9－3である。まず、図表9－2は映画産業の市場規模に主な変動が現れた時期に、映画産業における参入規制と内容規制などがどのようなものだったのかを示したものである。

　一方、映画産業に対する支援政策や政府の方針による放送業界の主な出来事は以下の図表9－3の通りに示すことができる。

図表9-3 映画産業の売上額の変動と各時期における支援政策

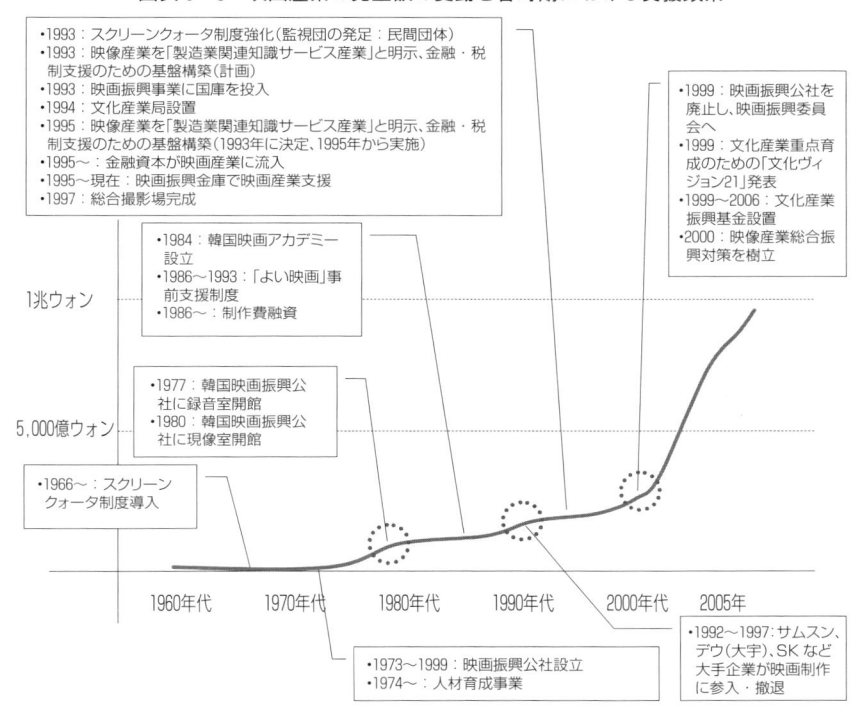

- 1993：スクリーンクォータ制度強化（監視団の発足：民間団体）
- 1993：映像産業を「製造業関連知識サービス産業」と明示、金融・税制支援のための基盤構築（計画）
- 1993：映画振興事業に国庫を投入
- 1994：文化産業局設置
- 1995：映像産業を「製造業関連知識サービス産業」と明示、金融・税制支援のための基盤構築（1993年に決定、1995年から実施）
- 1995～：金融資本が映画産業に流入
- 1995～現在：映画振興金庫で映画産業支援
- 1997：総合撮影場完成

- 1999：映画振興公社を廃止し、映画振興委員会へ
- 1999：文化産業重点育成のための「文化ヴィジョン21」発表
- 1999～2006：文化産業振興基金設置
- 2000：映像産業総合振興対策を樹立

- 1984：韓国映画アカデミー設立
- 1986～1993：「よい映画」事前支援制度
- 1986～：制作費融資

- 1977：韓国映画振興公社に録音室開館
- 1980：韓国映画振興公社に現像室開館

- 1966～：スクリーンクォータ制度導入

1兆ウォン

5,000億ウォン

1960年代　1970年代　1980年代　1990年代　2000年代　2005年

- 1973～1999：映画振興公社設立
- 1974～：人材育成事業

- 1992～1997：サムスン、デウ（大宇）、SKなど大手企業が映画制作に参入・撤退

1　国内市場と政策

　胎動期と分類した1960年代から1978年までには映画法が整備され、政府が全面的に映画産業をコントロールしようとしていた時期である。この時期には国産映画産業振興のために多くの政策が打ち出されたにもかかわらず、あまり成果を挙げられなかった。その理由は、政府が産業のために実施していた政策をその意図通りに実行するには産業全体の体力がまだ整っていなかったことが挙げられる。外国映画と比べてまだ興行成績を上げるには難しい水準の国産映画を振興させるために、業者に対して外国映画輸入の条件として国産映画を一定量以上制作させようとしたのが、この時期実行された政策の主な内容であるが、その一定条件の量を制作することは当時の業者が達成

するには難しい条件であった。この政策は別名「企業化政策」とも呼ばれているが、この政策を通じて映画制作業へ参入したい者は一定基準以上の近代的な制作設備と人材の確保を条件とされていたため、純粋に映画創作への情熱がある制作者よりは映画で一儲けしようとした資本家に機会が与えられる仕組みであった。特に映画輸入と制作が一元化される厳しい参入規制があった時期には、多くの業者は興行収益が見込まれる外国映画の輸入権を獲得するために国産映画制作の義務を達成しようとしたため、事実上、国内で制作される映画の質を向上させることは難しい環境であった。また、映画業者として許可を受けたものが仮に一定量の映画を制作できた場合にも、映画の内容に対する検閲に引っかからないものを制作せざるを得なかったため、その映画が興行成績を上げることも困難な状況であった。この場合も実際外国映画の輸入だけに関心があった業者は一定量の映画を制作するために、「貸名制作」という抜け道を使っていた。さらに、政府は映画産業の育成と発展と称し1970年代に映画振興公社を通じて国策映画の制作にも力を入れた。映画振興公社が映画の制作に力を入れはじめたのには、映画の大作化を政府主導で行おうとしたことと、長期にわたる軍事政権の正統性を映画というメディアを通じて実現しようとした背景があったため、映画の文化的な側面を無視したこの施策が成果を挙げることはなかった。しかし、この時期に試された様々な制作と流通に対する支援政策は、その後の政策内容の枠組の基本となった。映画制作費の融資事業や録音室や現像室のようなインフラの貸し事業、見本市参加への支援などがそれらである。

　胎動期から成長期に移行した1979年頃には、映画の入場料が引き上げられたため、産業規模が拡大した。しかし、映画に対する政府の統制は1980年代前半までは続いたため、実質的に市場環境が改善されたとは言えなかった。映画産業の環境に大きな変動が起きたのは1984年の映画法改正からであり、映画業への参入が「許可」から「登録」へと緩和された。映画産業への参入規制が緩和されたことで、1970年代後半から20社程度に抑えられていた制作会社の数が1986年には一気に3倍近くまで増えた。また、映画の内容に対する規制も「検閲」から「審議」へと少し緩和され、名称を変えた。実際には「審議」という名目で事実上の検閲が行われていたものの、少なく

ともこの時期からは形のうえからでも変革の準備段階に入っていたことは間違いない。

　これらの規制緩和により、実際その影響が市場規模に現れたのは成長期から成熟期に転換する1980年代後半頃であった。成長期の段階で実行された参入規制の緩和により、1986年以降映画会社の数が大幅に増えるとともに、制作された映画の本数も1987年頃から増加の方向に転じていた。映画参入の自由化によりそれまで創作意欲があっても資本がないため参入できなかった制作者が本格的に映画制作活動を始めるようになった。一方、映画の平均制作費も1990年代前半から急激に増加しはじめた。その理由はこの時期にビデオ事業を展開しようとした大手企業がコンテンツ確保のため、直接映画制作産業に参入しはじめたことが挙げられる。大手企業の参入によって制作・流通構造が再編されざるを得なくなり、映画産業における垂直統合が進むと同時に、多額の制作費をかけた興行成績のよい映画もこの時期から出現した。創作意欲のある新たな制作者と大手企業の資本が相乗効果を生み、この時期から興行で成功を収める映画が出現しはじめたのである。1995年以降には映画業をサービス業から製造業に準ずる産業と再分類することで、創業投資会社など金融資本の映画産業に対する参入が増加した。また、この時期からは映画産業に対する本格的な支援事業も開始し、1995年以降に助成された映画振興金庫を元に大規模の融資事業も行われはじめた。つまり、成長期から成熟期への転換においての変動は、成長期の間に実行された政策が影響した結果と言える。参入規制の緩和は、資本がなくても映画創作への意欲がある者と、巨大資本で創作ノウハウを持っていない者同士の協力を可能にした。また、映画産業に対する位置づけの見直しは、より多額の資本が映画産業へ流れ込むきっかけを提供した。

　成熟期から拡大期の転換にあたる1999年頃は、成熟期に出揃ったいくつかの条件が実際国内市場で結果として現れはじめた時期である。それまで国内市場における国産映画の市場支配力は外国映画の１／３程度に留まっていたが、2001年から逆転し2006年頃には外国映画のおよそ２倍に達した。また1999年からは国内にシネコンとともに大手配給会社が登場しはじめ、制作力と配給力をともに兼ね備えた国内企業が成長しはじめた。2006年には、

ソウル市内で流通する映画の中で37％に当たる133本が国内会社によって配給された映画で、配給本数が多い上位3位までが国内企業によって占められている。また、成熟期に登場した投資会社の映画産業への参入は、映画産業における資金の流れと流通構造を近代化させる役割を果たした。そして、その近代化の過程に重要な役割を果たした政策には2004年から始まった映画入場券統合電算ネットワーク運営事業が挙げられる。映画入場券統合電算ネットワークが構築された結果、現在は全国のスクリーンが連動され、入場券の発券情報をリアルタイムでオンラインを通じて処理・集計することができる。また、1999年からは映画産業に対する政府の支援もより積極的でその規模も拡大した。映画振興公社の時代までの政策を一新し、1999年映画振興委員会が発足してからは支援政策内容の多角化を図った。特に、充実した人材育成政策、統合電算ネットワークの構築を通じた流通の透明化、投資環境の整備などの事業は高く評価できる。つまり、成熟期から拡大期への移行が成功したのは、成熟期で整えられた環境的条件が拡大期に実行された各政策とうまく調和した結果と言える。

2　外国市場と政策

　拡大期は外国に対する輸出本数と金額が大幅に増加した時期であった。輸出本数は2001年頃から、輸出金額も2000年以降から大幅な増加傾向にあり、これらの現象がさらに大きい投資資本を誘引するきっかけとなった。外国への韓国映画流通に焦点を合わせ、映画輸出額の変動に輸出振興のための関連政策の開始時期を重ね合わせると、以下の図表9－4の通りである。輸出を奨励するための政策立案はすでに1970年代にまで遡り、それを本格化したのも1980年代半ば以降からである。しかし、実際に、映画輸出額が拡大したのは1998年以降からであり、その時期的なずれからも、政策が輸出拡大に直接影響しているとは言いがたいところはある。特に輸出に対する支援政策の中身にはその間あまり変動がなく、それらの政策に割り当てられる予算の規模も毎年増えている中、2005年まで伸びていた輸出額が2006年に急激に減ったことも政策以外の要因がより大きく影響していることを示している。

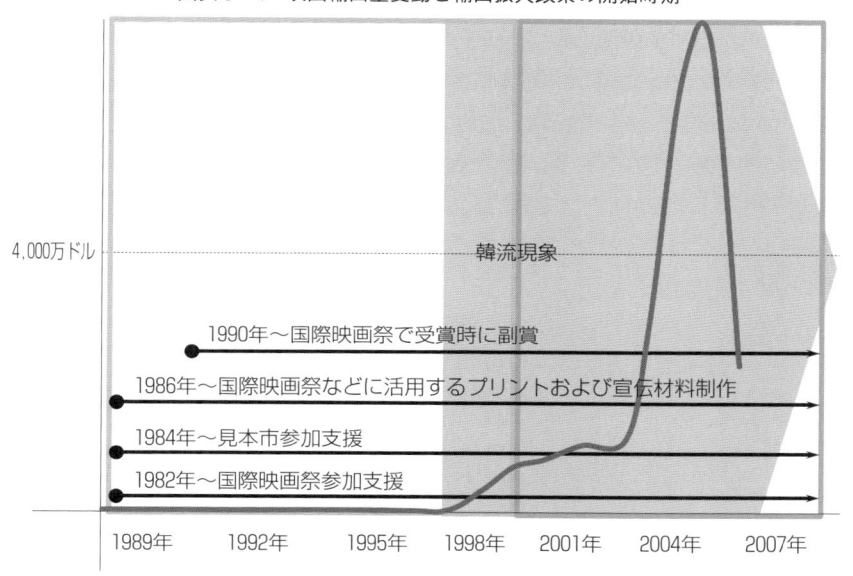

図表9−4　映画輸出量変動と輸出振興政策の開始時期

4,000万ドル

韓流現象

1990年～国際映画祭で受賞時に副賞
1986年～国際映画祭などに活用するプリントおよび宣伝材料制作
1984年～見本市参加支援
1982年～国際映画祭参加支援

1989年　1992年　1995年　1998年　2001年　2004年　2007年

　また、2000年代以降から現在まで映画振興金庫から国際流通のために運用される資金の規模は映画産業支援政策にかかる全体予算の約2.5％程度に過ぎず、輸出拡大のための政策が韓流現象拡大の背景にあるとは言いがたい。むしろ、韓国映画の輸出に韓流現象が貢献した部分が大きいと言える。主にテレビで活動していた俳優のペ・ヨンジュンは日本における韓流現象の発生以降、映画への出演も増えるなど、韓流スターとしての活動範囲をスクリーンにまで拡大した。また、元々韓国映画はアジア地域に最も多く輸出されてはいたのだが、2000年以降からその傾向がさらに強くなっていることは、アジア地域における韓流現象に輸出が触発された可能性が高いと言える。
　韓国映画の輸出が拡大したもう一つの要因は、韓国映画の質が高くなり、国際的にも韓国映画に対する評価が高くなってきたことも挙げられる。国際映画祭への出品作品数、出品回数[1]共に2000年代に入ってから急激に増加し、国際マーケットにおいて韓国映画の認知度が高まったことが影響している。

1) 出品作品数、出品回数、受賞回数に関するデータは第五部の資料Ⅱを参照。

第10章 | 結論

　本書では、韓国映像コンテンツ産業の発展と海外市場への拡大において、政府がどのように関わってきたのかについて段階を分けて考察してきた。前章でも述べたように、すべての政策が産業規模と市場拡大に貢献したわけではなく、有効に働いた政策もあれば、むしろ市場を縮小に追い込んだ政策もある。前章では詳しく述べていないが、放送産業と映画産業において共通して言える産業拡大と国内市場規模の拡大に有効に働いたとされるものとして、「日本大衆文化の輸入禁止」制度を挙げることができるだろう。韓国政府は日本の植民地統治から解放されて50年以上の間、日本の大衆文化との接触を強制的に断絶してきた。その背景には、植民地統治によって韓国社会に残された日本の文化的要素と、日本との交流再開によって新たに流入することになる日本の大衆文化が、いかに韓国社会のアイデンティティ形成を妨害するかに関する韓国内部の議論が影響していた。特に、韓国と日本の国交が正常化した1965年以降にその手の議論が多くなされたが、以下はその傾向を表す典型的な記述である。

　"われわれがいっそう注意を向けなければならないことは、色々な名目でなされる各種の文化交流と日本の商品、資本の流れである。……(中略)……さらに貿易と借款で入りこんでくる日本商品と資金、日本の経営陣と技術者の問題はいっそう深刻である。……(中略)……それは、あらゆるものが日本の力に結びついて精神的、物質的にいまだに自立段階にいたっていない韓国社会と文化に日本をふりまくためであるからだ"(金炳翼、1971)

　上記の主張からは、独立したばかりの韓国が、再び日本の文化と資本に接することで、新たに従属的な立場に追い込まれるのではないかという懸念がうかがえる。このように独立後しばらく、韓国の知識人は、韓国内に残存している日本文化が韓国人の精神や文化、生活などに引き続き影響を及ぼすこ

と、そして日本との接触により新たに形成されるかもしれない「従属関係」を心配する傾向が強かった。このような懸念から長年にわたって実施されてきた「日本大衆文化の輸入禁止」制度は、結果的に1980年代以降アジア地域でブームを巻き起こした日本大衆文化の韓国市場における直接的な流入を防ぐ機能を果たし、日本大衆文化の開放に至るまで国内映像コンテンツの競争力を増進させる時間的な猶予を与えた[1]。つまり、文化的に最も近く、すでに一度支配関係にあった文化を強制的に断ち切ることで、自国文化の確立と自生力を高めようという政策は、韓国映像コンテンツ産業がある程度成長するまで狙い通りの効果を挙げたと言えるだろう。

　一方、放送産業における政策の効果に限定してみると、韓流現象の発生と放送番組の輸出額の増加に政府が重大な役割を担ってきたとは言いがたいものの、少なくとも国内においては政府が実行してきた政策が産業拡大にはある程度有効に働いたと言える。政府の意図が「産業支援」ではなく「言論の統制」にあったにしろ、そのために資本を集約して放送局を大手二局に統合してネットワークインフラを構築したこと、外国番組編成率に対する規制をかけてその間に国内における番組制作能力を向上させたことは、量的な産業規模の拡大と国内における国産番組のマーケットシェアの拡大に貢献できたと言える。国際市場進出に関連しては、政府が先頭にたって見本市への参加に力を入れていたことや字幕付けに関連した補助金を出す政策を打ち出したものの、これらは韓流現象が発生した以降により一層力を入れた支援政策である。輸出額のほとんどが日本市場に集中していることからも、韓国政府のバックアップよりは民間の努力の結果であろう。韓流現象以降の海外市場への輸出量の増加の場合、輸出先が年々多様化してきていることに関しては政策も一定の役割を果たしてきたと評価できる。つまり、政府の政策により国内放送産業の拡大と質の高いコンテンツ制作が実現され、結果的に韓流現象の発生につながり、韓流現象の発生後に打ち出した政策は、韓国放送番組をより多くの国々に広めることには貢献していると言える。

　また、映画産業において政府が果たした肯定的な役割の中で最も効果的だったのは、政府が実施してきた規制を緩和したことである。映画の場合、テレビとは違って、映画一本一本の娯楽性と芸術性が満足されないと観客に選

択してもらえない性質がある。強制的な産業再編と厳しい規制は産業の発展に対して致命的であるにもかかわらず、韓国では長期間にわたって映画が持つ芸術的属性に関する理解が不足したまま支援政策が施策されてきた。例えば、1970年代に政府が実施した「企業化政策」、「輸出業と制作業の一元化」、映画振興公社を通じて行った「輸出振興政策」はほとんどが失敗に終わった。これらの政策は、政府が先頭に立って映画制作と輸出を活性化させようとするとともに、外国からの輸入を制限して国産映画の制作の増加を誘導しようとしたものである。しかし、政府によって制作された映画が大衆的な成功につながることは少なく、それらの映画を外国へ輸出しようとしても通用しなかった。また、放送産業が広告収入により資金面において豊かであった反面、映画産業の制作現場には常に資金が不足していた。韓国で映画産業が本格的に成長しはじめたのは、参入規制と内容規制が緩和され、大手企業の資本が映画産業に流れ込むようになってからである。

　しかし、政府が行った支援政策の中でも評価できるものがある。1980年代半ばから設置・運用した韓国映画アカデミーを通じた人材育成事業、中小規模制作会社に対する機材と施設の貸出・運用事業、国産映画の上映日数を決めていたスクリーンクォータ制度である。これらの施策と映画産業における規制緩和、大手企業資本の流入の三つの要因が重なり、映画産業の規模の拡大と質の向上を図ることができた。つまり、映画産業においても放送産業と同様に、国内産業規模の拡大に関しては政府が一定の役割を果たした（主に、規制緩和によって誘発されたものではあるが）。特に規制緩和によって映画制作資金が潤い、コンテンツにおける表現の幅が広がり、健全な流通システムが確立されたことは、国内市場における国産映画のマーケットシェアを大幅に広げることができ、結果的に外国市場でも通用する質の高い映画制作が可能になったと言える。

　以上の結論を受け、韓国の事例から得られた政策的示唆を映像コンテンツ産業の成長段階に沿ってまとめると以下の通りである。
　制度やインフラの整備が始まる胎動期には、政府は法的基盤を設け制度的装置を準備する必要がある。そして、直接的な資金援助を通じたインフラ整

備が求められる。具体的には、テレビ受信機や送信施設などの普及、制作・編成機材の導入、人材確保のための教育・研修が挙げられる。しかし、産業基盤が弱いからと言って、政府が直接映像コンテンツ制作に関与することは、産業の活性化を遅らせる結果を招く可能性が高い。あくまでも政府は産業基盤の整備のための支援役に徹することが大事である。この段階に属している国は世界的に見てもかなり少ないであろう。

　制度やインフラは整備されたものの、国産映像コンテンツの国内市場支配力がまだ弱い成長期には、ある程度インフラが整備され経験も蓄積してきたため、映像コンテンツの制作を自力の技術と人材で行うことができる能力が備わっていると仮定する。この段階に達成すべき短期的な目標は、国内における市場支配力を向上させることである。そのためには、国内における国産映像コンテンツの市場支配力が備わるまでの間、外国企業に対する参入規制と輸入番組に対する編成規制、外国映像コンテンツに対するクォータ制度などの政策の維持が求められる。また、資本が自然に流入する環境を作るため、期間限定での制作費やマーケティング費支援など直接的な資金の支援が必要である。もし、期間を限定せずに一般企業に対して制作費やマーケティング費の支援を行ってしまうと、長期的にはコンテンツの質の低下と産業全体の自生力を落とす結果を招くことになる。

　国内市場における国産映像コンテンツの市場支配力が向上した成熟期には、国内企業の自立と競争力を高めるため、それまでの規制を段階的に緩和し市場の活性化を促す方向に進むべきである。具体的には映像コンテンツ制作に対する直接的な資金援助を減らし、産業への資金流入を促進する税制優遇策やインセンティブ政策に切り替えることが望ましい。

　映像コンテンツの輸出が増えはじめる拡大期には、映像コンテンツ制作に直接資金を提供するような支援は控え、既存インフラに対する運営とメンテナンス、各企業の人材育成に対する補助、文化交流の観点に立った国際市場における広報としての役割、社会全体に対する文化力向上のための支援、外国との協力体制構築、映像コンテンツ産業がまだ発展途上である国に対する経験の伝授や交流など、政策の目標と方向の見直しが求められる。

　また、上記の段階別示唆以外に総合的に提示できる示唆は以下の通りであ

る。

　まず、映像コンテンツの輸出を増大させ受け手国から送り手国になるためには、まず国内における市場支配力を確固たるものにすることが先決である。国内市場で輸入コンテンツとの競争を勝ち抜いたものでないと、国際市場で通用しないのである。文化的割引（cultural discount）という用語が示しているように、映像コンテンツ市場で消費者に最も好まれる傾向があるのは国産のものであり、文化的に遠い国から流通されたものほど人気を得るためには超えるべき障壁が高くて多い。まず国内の消費者に好まれない限り、輸出拡大を先に進めることは難しい。

　次に、文化的に近い国から流入される商品からの保護策を実行した方が、国産映像コンテンツの国内市場支配力を高めるのに有効である可能性が高い。隣国に文化産業の大国が位置している場合、大概その隣国の影響力が自国の文化産業を脅かすほど深刻であることが多い。例えば、韓国とは国の規模や文化的背景などが異なるため同レベルで比較することは難しいが、アメリカの隣に位置しているカナダが韓国と似たような立場と言える。カナダは文化主権を守るため、アメリカの影響力を極力排除すべくカナダ独自の文化の確立を目指してきたものの、韓国のような強制的な排除にまでは至らず、自国の大衆文化産業の成長が非常に難しいのが現実である。しかし、一国だけの大衆文化を強制的に国内市場から排除することは難しい。韓国の場合は日本の植民地統治を受けていたという歴史的背景から、長年にわたり日本大衆文化に対する禁止措置を設け、地上波放送や映画館における日本大衆文化の文化的・経済的影響力を排除しながら、日本の放送局との技術・人材の交流を継続的に行ってきた。具体的には、放送番組制作においてはフォーマットや内容、表現の方法など実務的な部分における影響を受け続け、自分たちの情緒を洗練された技術で表現できるほどの競争力が備えられるまでの時間を稼いだ。韓国の場合、歴史的背景からこのような結果につながったものの、すべての国が隣国の文化を強制的に排除しながら発展することは難しいであろう。ともあれ、国内市場における国産映像コンテンツの最大の競争相手は、世界的に強力なアメリカの大衆文化の次に、文化的・地理的に近い国から流入される映像コンテンツであることは間違いない。

そして、映像コンテンツ産業に対する支援政策は、その目的が国内市場の成長と活性化である場合は、制作に対する直接支援よりも、制度改革のような間接的な支援方法が効果的である。具体的に言えば、直接的な資金面の支援政策による産業規模の拡大よりは、産業構造の再編、民間からの制作費調達が容易となるような投資環境の整備、参入規制・内容規制の緩和を通じた競争環境の構築、人材育成などの政策が効果的である。制作費の直接支援は、支援金額の規模と資金の振り分けにどうしても限界が生じるため、各事業者から見れば割り当てられた金額が個別映像コンテンツの質に直接反映できるほどの規模ではないと感じる可能性が高い。制作に対する直接支援制度は、政府が映像コンテンツ産業の育成に力を入れており、その証拠として事業者に資金を分配した、というデモンストレーション的な効果はあるかもしれないが、実質的な産業拡大に貢献できるかは疑問が残る。

　また、映像コンテンツ産業に対する支援政策は、その目的が外国への市場拡大である場合は、外国進出のためのポストプロダクションやマーケティングの部分において直接的な支援を行うことが限定的な範囲では効果的である。本来、輸出のためのマーケティングなどは各制作・配給会社が自力で行うべき業務であるものの、発展途上にある国々の各事業者が国際市場で大手多国籍企業と競争することは事実上難しいため、政策によるサポートは必要である。

　そして、映像コンテンツ産業の発展に政府が行うべき支援政策は、決まった内容が存在するわけではない。それぞれの国の歴史的経験、政治的状況、経済発展の段階、国内映像コンテンツ市場における市場支配力、インフラの普及程度、外国との関係などその国が置かれている状況のいくつかの条件を組み合わせて、政策を柔軟に策定するべきである。映像コンテンツ発信に成功した国が現在施行している政策だからといって、それをそのまま自分たちの国に適用して同じ効果を上げられるとは限らない。自分たちの国で映像コンテンツ産業の成長のネックになっている制度は何か、どの部分に資金を投じればより活性化するかは、まず自分たちが現在施行している政策を振り返ってみることで解決策が見えるであろう。

　最後に、政府が映像コンテンツ産業の支援政策を策定する際には、他産業

と映像コンテンツ産業の相違点を最初から念頭におく必要がある。映像コンテンツ産業が他産業と決定的に違うところは、一般製造業と同じように投じた資金が品質に比例するとは限らないということである。政府のバックアップで莫大な資金を投入して映像コンテンツを作ったとしても、また、政府の支援で海外マーケティングを行い見本市で商品を紹介することができたとしても、それが消費者に訴えかける作品性や娯楽性がないと手にとってもらえない。映像コンテンツ産業の場合、海外ロケや高い撮影技術などを駆使し、制作工程や技術的な面で、ある程度までの品質が確保できたとしても、その内容がつまらなければ視聴者や観客に強くアピールできる商品にはつながりにくい。出来上がった商品に内包されている文化的性質が商品の人気と密接に関係しているため、単なる価格競争や品質管理のような条件で解決できるものではないのである。映像コンテンツ産業が成長して活性化するためには、インフラや資金だけでなく、それを制作する人々の想像力と創作性が必要であるため、文化的向上を目指した長期にわたる人材育成政策の策定が求められる。

　韓国の経験から生み出されたこれらの示唆がすべての発展途上の国々に当てはまるとは限らない。政治体制や人口の規模、民族構成、国土の広さ、国際的な貿易関連規定上で置かれている立場などにより、政策の実行と効果は制限されるだろう。しかし、少なくとも産業の成長につながる方法論的なヒントは見つかるはずである。

1)　しかし、日本の大衆文化の輸入禁止政策が実施されている間、韓国のマスコミは日本の大衆文化が直接輸入されないことをよいことに、日本のドラマや娯楽番組のフォーマットと大衆音楽の「剽窃」を露骨に行ったという批判も多かった。たしかに、「剽窃」や「模倣」によって吸収した日本のコンテンツが今日の韓国大衆文化に貢献してきたことは否定できないことである。しかし、その事実からただちに韓国の大衆文化が日本の大衆文化の真似にすぎないという議論になってしまうのは、正しくないと考える。文化とは固定的なものではなく、常に影響し影響され変容するものであるからだ。ただし、この問題は、文化論に関わる議論を含んでおり、本書の主題からはやや外れる議論であるため、これ以上は踏み込まない。

第五部　資料

第五部には、本書の説明を補充するためのデータを集めた。特に本書における研究対象期間である 2005 年頃までのデータを中心として、韓国が映像コンテンツ情報の受け手から送り手へと変わる時点の放送・映画産業の産業関連情報や統計を集めたため、この本が出版される 2013 年の時点からみると最新のデータではないことをここで断っておきたい。

資料Ⅰ：インタビュー調査の概要

●訪問先と日程

日程	訪問先
2005 年 4 月 29 日（金）	放送映像産業振興院
2005 年 4 月 30 日（土）	SBS
2005 年 5 月 1 日（日）	ナムヤンジュ総合撮影所
2005 年 5 月 2 日（月）	映画産業振興委員会

●インタビュー内容
1．SBS 放送局
1−1．日本市場への番組販売
　SBS が日本市場に初めて番組販売を開始したのは 1993 年からであるが、1995 年から本格的に（株）国際メディア・コーポレーション（略称 MICO）を通じて時事番組だけを輸出した。当時、韓国でヒットしたドラマの日本への輸出を試みていたが、日本進出は無理だと日本側の担当者に言われていた。10 年が過ぎた現在、SBS 海外マーケットの 54％ を日本市場が占めるところまで成長した。日本の地上波放送局を攻略しはじめたのは 2003 年からで、2004 年から本格的に地上波放送局で韓国ドラマの放送が始まった。フジテレビへの輸出は電通を通じて交渉し、現在は DVD 販売も電通の子会社であるジェネオン（GENEON）を通じて行っている。

1−2．放送局からみた韓流現象
　日本を除いたアジア地域における韓流現象は、番組の人気が単発的で収益

につながらないことが特徴的である。日本では、韓国ドラマに対して持続的な人気があり、市場が安定し専門化されているのでビジネス効果が大きい。SBSの担当者は、日本で韓国ドラマが他アジア地域に比べて中年層に人気がある理由として、『冬のソナタ』が中年女性の思い出にアピールできた点を挙げた。しかし、『冬のソナタ』以降、日本で放送された韓国ドラマは中年女性に限られることなく徐々に20代後半から30代の女性にも人気を集めている点も強調し、これからのことに期待したいと述べている。また、日本市場を長期的に開拓していくつもりなので、台湾ドラマや中国ドラマとの競争の中で値段が問題になるのであれば調整する準備はできていると述べた。しかし、現在の時点では中国や台湾のドラマよりは韓国のドラマが成功できる要因を多く持っているとしている。

政府の支援政策の効果に対する放送局担当者の評価は支援部門によって違うものであった。マーケティングの部門に対する支援に対しては、外国で開催される見本市出展のための一部支援金の制度があるが、この政策に関してはかなり役に立っていると述べた。しかし、番組制作にかかる費用に対する支援は直接的な効果があるかどうか、また、支援され制作された番組がアジア地域で果たしてヒットするかどうかに関しては疑問が残るとのことだった。

2．放送映像産業振興院
2−1．韓流現象の要因と経緯

旧放送映像産業振興院の担当者は、これまでの韓国のイメージは歌手のチョ・ヨンピルなどに代表されていたようなものであったが、韓国ドラマの放送で新鮮さを覚えた人が増えていることが日本で韓流現象が広まった一つの理由と考えられると述べた。また、日本は民放の収益構造上、広告収入を得るためには若者向けのトレンディドラマだけを量産するしかないとのことから、中年にアピールできるドラマが最近は制作されていなかったことも中年女性を中心として韓国ドラマが日本で人気を得た理由であるとしている。

また、日本で韓流現象が始まった経緯に関しては、次のような見解を示した。ワールドカップをきっかけに日韓合作の『フレンズ』が放送されるようになり、そのドラマで主演を演じたウォンビンが以前出演したドラマを配給

会社が探した。彼が主演した『秋の童話』がまず地方の放送局で放送され、小規模の韓国ブームが巻き起こり、テレビ朝日が『イヴのすべて』というドラマを2002年9月全国ネットで放送した。その後NHKのBS2がアジア地域でコンテンツを探している最中に、中国をはじめとする東アジアにおける『冬のソナタ』の人気が目に付くようになり輸入した。また、NHK担当者はNHKの主な視聴者である中高年に受けそうなドラマを探していたとのことである。また、地方で小規模の韓国ブームを起こした『秋の童話』の監督と『冬のソナタ』の監督が同じだったこともNHKが『冬のソナタ』を輸入する一つのきっかけになったとのことである。その他にも、旧放送映像産業振興院の担当者は、NHKで放送されたことが、それまで他局で韓国ドラマが放送されたときより韓流ブームを起こすのに大きく影響したとの見方をしている。

2-2.『冬のソナタ』の日本への販売経路

『冬のソナタ』の制作から日本への販売までのプロセスは以下の図表に示した通りである。『冬のソナタ』を制作したのは独立制作会社の「パンエンタテインメント」である。それまでは、放送局が制作会社に依頼して制作された番組の著作権はほとんど放送局に帰属し、制作会社はあまり収益が大きく見込めないアジア地域での著作権のみを所有する場合が多かった。『冬のソナタ』の場合も、著作権を制作会社が所有していたことから、最初はアジア地域での人気は想定されていなかったことがうかがえる。日本に対する輸出は、制作会社が放送局に日本への販売業務を委託する形で行われた。

2-3. 韓流現象の影響

日本をはじめとするアジア地域で韓流現象を広げた『冬のソナタ』に、政府の支援政策が役に立ったかどうかを明確にすることは難しい。『冬のソナタ』は制作資金援助のような直接的支援は受けていない。しかし、番組制作のスタッフの中に、もし政府が補助する教育プログラムで教育を受けた人が加わっていたのであれば番組の質の向上に何らかの影響を及ぼしたかもしれないため、間接的な効果まで測定することは不可能である。

韓流現象により、日本から韓国ドラマの制作に投資するケースも現れた。

『冬のソナタ』の制作から日本への販売までのプロセス

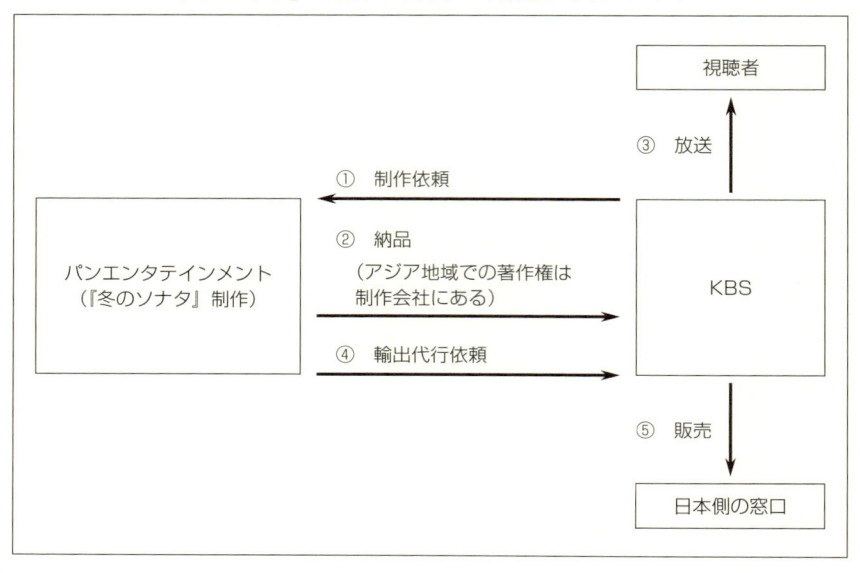

```
                    ① 制作依頼
                  ←―――――――――――
                                              視聴者
                                                ↑
                                              ③ 放送
                                                │
 パンエンタテインメント    ② 納品              ┌──────┐
 （『冬のソナタ』制作）   （アジア地域での著作権は │ KBS  │
                         制作会社にある）      └──────┘
                  ―――――――――――→              │
                    ④ 輸出代行依頼            ⑤ 販売
                  ―――――――――――→              ↓
                                           日本側の窓口
```

そのドラマは最初から韓流現象を意識して制作したため、アジア地域で人気のある俳優たちがキャスティングされるなど、韓流現象は韓国の番組制作環境にも変化を与えた。一方、政府の支援機関は韓流現象を持続させるために、これまで以上のインフラへの支援を行うため、映像制作プロセスをワンストップでできる施設を建設するなど、韓流現象は番組制作と政府の支援政策にまで影響を及ぼす現象だったと言える。

3．映画産業振興委員会
3－1．放送による韓流現象との関連性

韓流現象により、映画輸出の増加、輸出する際の１本当たりの価格の上昇など、映画業界にも肯定的な結果が現れている。また韓流により海外からの観光客が増えることを意識して、地方自治体が映画制作や撮影セットの制作、ロケ現場に対する支援などを行って、結果的に映画の制作費を節約できるような効果も表れている。また、韓流現象は、映像産業の国家経済に与える影響力を政府が実感するきっかけにもなるので、映像産業に対する政策決定に

も影響がある。しかし、俳優のギャランティーが上昇したり、俳優が所属しているマネジメント会社が映画会社に共同制作を要求し、映画の興行が成功した時の持ち分を増やそうとしているなどのマイナスの効果もある。

3－2．地方自治体による映画産業支援

　日本の場合は該当地域の公務員が映画産業を支援する業務を担当しているが、韓国では第3セクターの形で地方自治体と共に別の専門家が支援業務を担当しているため、より積極的な支援体制を持っていると言える。その地域で制作されることを前提にしたシナリオの制作に係る支援をするなどの開発費支援、ロケ現場の支援、撮影のセット制作支援などが行われている。

3－3．スクリーンクォータ制度

　政府が実施しているスクリーンクォータ制度は、韓国映画に上映の機会を与えてきた点で、肯定的な役割をしてきた。1990年代後半、韓国におけるハリウッド映画の直接販売が可能になった。しかし、1993年までは韓国国内に輸入できる映画フィルムプリントの数が16と制限されていたが、1994年以降からはその制限が撤廃され、いくらでもハリウッド映画が上映できるような状況になった。ハリウッド映画は優れたエンタテインメント性を持っているので、同じ土俵での競争になると、観客に選択される確率が高かった。韓国の映画産業において規制政策から開放政策に変わる時期に、スクリーンクォータ制度が存在したことは、韓国映画の上映機会を持続的に与えてくれた点で、韓国映画の発展に肯定的な結果を招いたと言える。

4．ナムヤンジュ総合撮影所

　ナムヤンジュ総合撮影所は、40万坪の敷地に3万坪規模の野外セットと6個の室内スタジオ、録音室、現像室、デジタル視覚効果チームなどが揃った当時としてはアジア最大規模の映画制作施設で、日本でも公開された『共同警備区域JSA』などが撮影された。この撮影所は、スタジオや録音室などを通じて技術サービスを提供して得る収益で運営しているが、発生する赤字に関しては映画振興委員会の予算を使って補充している。

資料Ⅱ：放送・映画産業関連図表

[主な独立制作会社の現況（ドラマ制作専門）]

番号	制作会社名	番号	制作会社名
1	キム・ゾンハクプロダクション	26	イギムプロダクション
2	ドレミメディア	27	JNHフィルム
3	DRMメディア	28	JSピクチャーズ
4	DSPent	29	J2ピクチャーズ
5	DNT WORKS	30	チャンネルK
6	ロゴスフィルム	31	チョロクベムメディア
7	マイダス	32	ゼロワンインタラクティブ
8	サグァナムピクチャーズ	33	セリボックス
9	サンファネットワークス	34	ケイドリーム
10	セゴエンターテインメント	35	クリエイティブリーダズグループエイト
11	ス＆ヨン	36	パンエンターテインメント
12	スターマックス	37	ポイボス
13	CJエンターテインメント	38	韓国放送制作団
14	CKメディアワークス	39	ENBSTARS
15	IHQ	40	ドラマハウス
16	SBSプロダクション	41	タッチスカイ
17	（株）エイストーリー	42	オンスターズ株式会社
18	HBエンターテインメント	43	（株）韓国メディア制作社連合
19	LK制作団	44	ゼイエフプロ（株）
20	エムネットメディア	45	（株）コバインターナショナル
21	MBCプロダクション	46	（株）ピョンイル企画
22	イエローフィルム	47	（株）ジェイディメディア
23	オリーブナイン	48	（株）ユルアンドジェイプロダクション
24	ユンズカラー	49	（株）ポドナムプロダクション
25	イ・グァンヒプロダクション		

出所：放送委員会（2007b）46頁を参照

[主な番組の収益]

『冬のソナタ』の収益モデル（2003年現在）

(単位：億ウォン)

区分	金額
制作費	29.8
総収入	134.3
テレビ広告収入	76
音盤	15
インターネット収入	1
ケーブル・衛星放送の版権	協議中
DVD、VOD、小説など	協議中
海外輸出	10
損益	104.5

＊日本のNHKでの放映以降、DVDローヤルティー、写真集出版印税など最近の新聞ほどを総合すると、2005年現在の総収入は制作費の約10倍の250～300億ウォン程度と推定される
出所：KBS政策チーム（2003）「放送コンテンツ国内流通および活用の問題点と課題」『放送文化』の資料

輸出に成功した主なMBCドラマの単位当たり輸出額（2005年末でのTop 10）

順位	番組名（長さ）	輸出額（ドル）総額／1本当たり	制作費（ウォン、1本当たり）	回収率	主な輸出国
1	新入社員（60分×20回）	2,883,040（144,152）	8,500万	170%	日本（all-rights）、台湾（all-rights）、フィリピン（TV）、マレーシア（all-rights）、中国（all-rights）、香港（ケーブルテレビ＆ビデオ）、インドネシア（TV＆ビデオ）、ベトナム（TV）、タイ（all-rights）
2	ワンダフルライフ（60分×18回）	1,817,700（100,983）	8,500万	119%	日本（all-rights）、台湾（all-rights）、中国（all-rights）、マレーシア（TV＆ビデオ）、ベトナム（TV）、シンガポール（ビデオ）、インドネシア（TV＆ビデオ）、タイ（all-rights）、フィリピン（TV）、香港（ケーブルテレビ＆ビデオ）

3	宮廷女官 チャングムの誓い (60分×54回)	4,105,101 (76,020)	1.3億	59%	日本（all-rights）、中国（all-rights）、香港（TV）、台湾（TV＆ケーブルテレビ＆ビデオ）、シンガポール（TV＆ケーブルテレビ）、フィリピン（TV＆ケーブルテレビ）、ベトナム（TV）、マレーシア（TV＆ケーブルテレビ＆ビデオ）、インドネシア（TV）、ウズベキスタン（TV）、イラン（TV）、アラブ（TV＆ケーブルテレビ＆衛星テレビ）
4	火の鳥 (60分×26回)	1,620,050 (62,310)	1.2億	52%	日本（all-rights）、中国（all-rights）、香港（TV）、台湾（all-rights）、タイ（TV＆ビデオ）、ガーナ（TV）、ウズベキスタン（TV）、ベトナム（TV）、ミャンマー（TV）
5	チェオクの剣 (茶母) (60分×14回)	781,478 (55,820)	1.9億	29%	日本（all-rights）、タイ（TV＆ビデオ）、中国（all-rights）、香港（all-rights）、ベトナム（TV）、オセアニア（ビデオ）、台湾（ビデオ）、マレーシア（TV＆ビデオ）、フィリピン（TV）、シンガポール（ビデオ）、ドイツ（ビデオ）
6	屋根部屋の ネコ (60分×16回)	1,054,000 (52,700)	8,500万	62%	日本（all-rights）、台湾（all-rights）、中国（all-rights）、香港（ケーブルテレビ＆ビデオ）、タイ（TV＆ビデオ）、インドネシア（all-rights）、マレーシア（all-rights）、ベトナム（TV）、シンガポール（ケーブルテレビ）、ウズベキスタン（TV）、フィリピン（TV）
7	ホテリアー (60分×20回)	1,040,103 (52,005)	8,000万	65%	台湾（all-rights）、香港（衛星TV＆ケーブルテレビ）、中国（all-rights）、シンガポール（TV）、ベトナム（TV）、マレーシア（TV＆ビデオ）、インドネシア（TV＆ビデオ）、タイ

					（TV＆ビデオ)、カンボジア(TV)、ミャンマー(TV)、フィリピン（TV＆ビデオ)、日本（衛星)、アラブ（TV＆ケーブルTV＆衛星)、ウズベキスタン（TV)、オセアニア（ビデオ)
8	私の名前はキム・サムスン(60分×16回)	974,320(50,895)	8,500万	60%	日本（衛星＆ケーブルテレビ)、タイ（all-rights)、ベトナム（TV)、フィリピン（all-rights)、台湾（all-rights)、インドネシア（TV＆ビデオ)、香港（all-rights)、シンガポール（ビデオ)、中国（TV＆ケーブルTV＆衛星)、マレーシア（all-rights)、ウズベキスタン（TV)
9	イヴのすべて(50分×20回)	985,281(49,254)	8,000万	62%	香港（TV＆ケーブルTV＆衛星)、中国(all-rights)、台湾（all-rights)、アラブ（TV＆ケーブルTV＆衛星)、タイ（TV＆ビデオ)、ベトナム（TV)、シンガポール（TV)、中南米（all-rights)、インドネシア（TV＆ビデオ)、マレーシア（TV＆ビデオ)、日本（衛星＆TV＆ビデオ)、フィリピン（TV＆ビデオ)、ウズベキスタン（TV)、ウクライナ（TV＆ケーブルTV＆衛星)、カンボジア（TV)
10	ロマンス(50分×20回)	906,271(45,314)	8,000万	57%	タイ（TV＆ビデオ)、シンガポール（TV)、インドネシア（all-rights)、台湾（all-rights)、香港（ビデオ)、中国（ビデオ)、日本（all-rights)、フィリピン（all-rights)、ミャンマー（TV)、マレーシア（all-rights)、ベトナム（TV)、カンボジア（TV)、ウズベキスタン（TV)

＊海外輸出の回収率を算定する際、為替は1ドル当たり1,000ウォンを適用

[韓国映画の国際映画祭における出品回数、出品作品数]

韓国映画の国際映画祭出品回数と出品作品数

(単位:本)

出所:1985年〜1999年のデータは、映画振興委員会(2000a)を参照、2000年〜2006年のデータは、映画振興委員会(2007a)を参照して作成

韓国映画の国際映画祭出品作品数と出品回数

(単位:本)

年度	国際映画祭出品作品数	国際映画祭出品回数
1985年	16	48
1986	32	74
1987	35	69
1988	39	67
1989	54	168
1990	59	165
1991	77	190
1992	59	133
1993	51	103
1994	39	90

1995	48	124
1996	78	160
1997	40	123
1998	72	187
1999	72	187
2000	126	387
2001	176	431
2002	156	362
2003	120	423
2004	130	475
2005	172	487
2006	169	507

出所：1985年〜1999年のデータは、映画振興委員会（2000a）を参照、2000年〜2006年のデータは、映画振興委員会（2007a）を参照して作成

資料Ⅲ：政府支援関連図表

[優秀パイロット番組支援制度の支援番組の内訳]
（2002年～2006年、2005年の資料は入手困難）

2002年

（単位：ウォン）

会社名	番組	総制作費
ドキュソウル	東アジア激動100年史	1,211,616,000
（株）ドキュコリア	大陸に行く道	209,256,000
（株）ヴィジョンマスター	遊び王　アスタ戦士	2,500,000,000
韓国ドキュメンタリー映像研究院	シベリアタイガー、森の生存	500,000,000
（株）ハーブネット	リアルシットコム　青春	70,000,000
（株）中央放送	韓国の食べ物文化―私たちはこのように食べた	99,000,000
チャンネルセブン	彼らだけの性文化	76,608,400
（株）エコ21	空色に染まった鳥、カチャンオリ	294,000,000
国際放送交流財団（アリランTV）	韓・中・日の葬儀文化―落ちる葉っぱが根に帰るように	85,760,000
（株）ゼイアールエヌ	20世紀のパラドックス、日本の成功と失敗	129,825,300
ヴィジョン5	移民100年―汗と涙のエピック	300,000,000
（株）エムビネットエンターテインメント	サウンドオブコリア	75,000,000
ラクティーヴィードットカム（株）	近い国、親しみのある味	513,304,000
（株）東亜ティーヴィー	ファッションキュ"名品"	―
（株）才能ススロ放送	人類歴史大記録―世界文化遺産	325,740,000
（株）アウラクリエイティヴ	ワールドカップ特別企画「私の愛、リンリン」	200,000,000
（株）アイエムティーヴィー	21世紀未来医学、四象体質論	100,000,000
ハッピーダックスプロダクション	禅食	108,000,000

ソルプロダクション	1450年ぶりの帰郷、千光寺の秘佛	98,780,000
	全19作品	

出所：文化観光部ホームページ（文化体育観光部に組織改編のため現在閲覧不可）

2003年

（単位：ウォン）

会社名	番組	総制作費
（株）ドキュコリア	ミステリアジア	1,765,790,000
（株）中央放送	生命の謎	224,448,500
ザ・チャンネル	ユン・ボンギル殉国の真実	200,000,000
（株）プロダクション　ヘオルム	ブルコギ、あるいは焼肉	47,795,000,
（株）アトゥンズ	色紙お爺さんとベベス友達の壁紙童話物語	749,180,000
ティティカカ水中映像	Another world in under water	240,000,000
（株）ハーブネット	文明時計をさかのぼる、スローフード	132,475,000
（株）アップルツリー	分ち合う喜び、幸せな世の中	71,610,000
ヴィジョン5	21世紀新技術革命、ナノ時代開く	200,000,000
Y-PRO	韓国哺乳動物の秘密	160,000,000
（株）TVユニオン	世界頂上の女性たち	396,385,000
高麗昆虫研究所	食虫植物の世界	200,000,000
（株）メディアバス	未来の記憶一本	102,685,000
（株）サゲジョルプロダクション	リアルドキュ、サイバー犯罪捜査隊	663,400,000
	全14作品	5,153,768,500

出所：文化観光部ホームページ（文化体育観光部に組織改編のため現在閲覧不可）

2004年

会社名	番組
（株）ケイアイビー　韓国移民留学放送	世界の異色職業紀行
（株）ドリームビルエンターテインメント	韓国映画ルネサンスの秘密

（株）ディエムジー　ワイルド	捕食者たちの一生
（株）アニ 21	ドキュメンタリー　塩
韓国放送制作団	その島の空き家
（株）テーマヴィジョン	TV 映画劇場
（株）JS ピクチャーズ	デジタル時代の異邦人 "スロービ族"
（株）Y&B Communication	デジタルギャラリー―オリエンタルの光
（株）ナクメディア	東方大峡谷
（株）トゥワンメディア	バウドギ
（株）キム・ゾンハクプロダクション	フルハウス
（株）ハーブネット	見えざる手：国家イメージを作る人々
（株）オデッサ	地球村食料戦争―豆をつかめ！
ジョウンプロダクション	ドキュメンタリー禁書
インディヴィージョン	地球村 100 年の約束
（株）ノリハウス	レジオヴィレッジ
（株）エイスヴィジョン	和歌で日本人を泣かせたムクゲ
YTN	HD ドキュ "武術" 10 部作

出所：韓国放送映像産業振興院（現在は韓国コンテンツ振興院に組織改編）ホームページを参照

2006 年

会社名	番組
（株）オデッサ	韓国文化の力、シンバラム
（株）芸術 TV	資本、芸術を夢見る―21 世紀成功の条件、芸術投資
韓国放送制作団	0.07ｇの奇跡、豆
（株）インディユニオン	緑色黄金、植物のルネサンス
（株）メディアパーク	地球村 happy home―家族シネマ
（株）ディエムジー　ワイルド	HD 南極大紀行
（株）韓国シネテル	グローバルヒューマンドキュメンタリー〜世界の子供たち
（株）シムプロダクション	楽しい飛行地球ロー（law）

（株）トゥディプロダクションドットコム	HDドキュ2部作—宗主国の危機～世界オンドル争奪戦
高麗昆虫研究所	イナゴの群れの移動
（株）ナッグメディア	ブッダの道（Budda Road）—シルクロード上のブッダ
ティーヴィーマニアプロダクション	糞の物語
オンダコム	フォンカメラ世の中のぞき
（株）エイスヴィジョン	アジアは今教育革命中
（株）四季節ビエンシー	この地から消える種族—ピョンテクデチュリ561日間の記録
（株）ソウルインディーズ	いつも探偵eye
インディヴィジョン	海をさまよう霊魂　sea gypsy

出所：韓国放送映像産業振興院（現在は韓国コンテンツ振興院に組織改編）ホームページを参照

[中東、アフリカ、中南米地域の番組輸出新規市場開拓の現状]

地域	国（放送局）	番組	放映時期
中東	イラク（Al Sumariah TV）	悲しき恋歌	2007年2月、5月
	イラク（Kurdistan TV）	悲しき恋歌	2007年7月
	レバノン（LBC）	悲しき恋歌	2007年5月に契約
	レバノン（New TV）	悲しき恋歌	2007年5月に契約
	UAE（Dubai TV）	悲しき恋歌	2007年6月に契約
北アフリカ	モロッコ（2M TV）	悲しき恋歌	2007年2月
	チュニジア（Hannabal Ch.）	悲しき恋歌	2007年7月
アフリカ	ジンバブエ（ZTV）	悲しき恋歌	2007年3月
	ザンビア（ZNBC）	悲しき恋歌	2007年5月
	ボツワナ（BTV）	悲しき恋歌	2007年7月に契約
	ケニア（KTV）	悲しき恋歌	契約書交換中
	ガーナ（GTV）	悲しき恋歌	契約書交換中

＊2007年現在の資料
＊中南米地域には2006年に『天国の階段』を放映（7カ国：コスタリカ、ドミニカ、コロンビア、アルゼンチン、ベネズエラ、プエルトリコ、チリ）
出所：カン・イクヒ（2007）、28頁参照

[年度別映像専門投資組合結成の現況]

(単位:億ウォン)

年度	投資組合名	規模	業務執行組合員(出資額)	映画振興委員会の出資額	中小企業振興公社の出資額	一般の出資額
1998年	未来映像ベンチャー1号	50.0	未来エセットキャピタル	0.0	0.0	50.0
合計	1社	50.0		0.0	0.0	50.0
1999年	無限映像ベンチャー1号	115.0	無限技術投資	0.0	20.0	95.0
1999年	キムドンジュ映像ファンド	50.0	未来エセットキャピタル	0.0	0.0	50.0
合計	2社	165.0		0.0	20.0	145.0
2000年	ドリーム映像ITベンチャー1号	135.0	ドリームベンチャーキャピタル(37億)	20.0	40.0	75.0
2000年	コウェールマルチメディア	100.0	コウェール創業投資(10億)	10.0	30.0	60.0
2000年	チューブ映像1号	100.0	チューブインベストメント(25億)	20.0	40.0	40.0
2000年	ソウビックマルチメディア	100.0	ソウビック創業投資(10億)	15.0	30.0	55.0
2000年	MVP創業投資1号	100.0	MVP創業投資(10億)	13.0	40.0	47.0
2000年	イルシンアニメーション	50.0	イルシン創業投資株式会社(5億)	9.0	20.0	21.0
2000年	ベンチャープラスマルチメディア	100.0	ベンチャープラス(15億)	13.0	40.0	47.0
2000年	ドリームアニメーションITベンチャー2号	50.0	ドリームベンチャーキャピタル	0.0	20.0	30.0
合計	8社	735.0		100.0	260.0	375.0
2001年	イスエンターテインメント1号	100.0	イス創業投資	0.0	30.0	70.0
2001年	センチュリーオンマルチメディア	60.0	センチュリーオン技術投資	0.0	18.0	42.0

2001年	チューブ映像2号	100.0	チューブインベストメント	0.0	30.0	70.0
	ドリーム映像ITベンチャー3号	80.0	ドリームベンチャーキャピタル	0.0	24.0	56.0
	シージェーディスカバリー1号	80.0	シージェー創業投資	0.0	24.0	56.0
	ハンソルアイベンチャーズ	171.0	ハンソル創業投資	0.0	51.0	120.0
	ジェウメガ映像ベンチャー投資組合	80.0	ジェウ創業投資	0.0	24.0	56.0
	孫悟空シンボ投資組合	70.0	シンボ創業投資	0.0	21.0	49.0
	ビティアイシー1号	100.0	ベスト技術投資	0.0	30.0	70.0
	KTBシネマ1号	100.0	KTBネットワーク（60億）	20.0	0.0	80.0
	MBC無限映像2号	100.0	無限技術投資（20億）	20.0	0.0	80.0
	MBC無限映像1号	50.0	無限技術投資	0.0	0.0	50.0
	アイエムエム文化コンテンツ	123.0	アイエムエム創業投資	0.0	35.0	88.0
合計	13社	1,214.0		40.0	287.0	887.0
2002年	MVP創業投資2号	100.0	MVP創業投資（11億）	17.0	0.0	83.0
	ソウビック創業投資2号組合	50.0	ソウビック創業投資	0.0	15.0	35.0
	イルシン＆ココココンテンツベンチャー	120.0	イルシン創業投資	0.0	0.0	120.0
	KTBシネマ2号	50.0	KTBネットワーク	0.0	0.0	50.0
	ホソ文化コンテンツ	100.0	ホソ創業投資	0.0	30.0	70.0
	シージェー創業投資6号	90.0	シージェー創業投資（5億）	18.0	27.0	45.0
合計	6社	510.0		35.0	72.0	403.0

2003年	ネクサス映像コンテンツ	100.0	ネクサス創業投資	0.0	0.0	100.0
	アステック映像投資	32.0	アステック創業投資	0.0	0.0	32.0
	センチュリーオン映像	100.0	センチュリーオン技術投資（20億）	20.0	30.0	50.0
	バイネックスエンターテインメント1号	100.0	バイネックスハイテック（15億）	20.0	30.0	50.0
	未来エセットベンチャー4号	100.0	未来エセットベンチャー投資（10億）	20.0	30.0	50.0
	MVP創業投資6号	90.0	MVP創業投資6号（5億）	10.0	0.0	80.0
合計	6社	522.0		70.0	90.0	362.0
2004年	コウェールエンターテインメント投資組合	110.0	コウェール創業投資（10億）	20.0	40.0	50.0
	イスエンターテインメント2号	110.0	イス創業投資（5.5億）	20.0	30.0	60.0
	センチュリーオン映像知識基盤サービス業投資組合	100.0	センチュリーオン技術投資（15億）	20.0	35.0	45.0
	K&Cキョンナム青年職創出投資組合	200.0	知識と創造ベンチャー投資（13億）	20.0	100.0	80.0
	アイベンチャー映像投資組合	100.0	アイベンチャー投資（10億）	20.0	40.0	40.0
合計	5社	620.0		100.0	245.0	275.0
2005年	ファイテックニューウェーブ組合	100.0	ファイテック技術投資（10億）	15.0	30.0	55.0
	MVP創業投資知識基盤組合	120.0	MVP創業投資（5億）	20.0	30.0	70.0
	エムベンチャー映像知識基盤組合	150.0	エムベンチャー投資（15億）	22.5	45.0	82.5
	センチュリーオン映像知識基盤3号組合	252.5	センチュリーオン技術投資（50億）	22.5	45.0	185.0

2005年	イスエンターテインメント3号組合	80.0	イス創業投資（10億）	0.0	0.0	80.0
	ボストン映像投資組合	205.0	ボストン創業投資（20億）	0.0	0.0	205.0
	IMM映像投資組合	248.0	IMM創業投資（16億）	0.0	0.0	248.0
合計	7社	1,155.5		80.0	150.0	925.5
2006年	ソウビック5号コンテンツ専門投資組合	100.0	ソウビック創業投資	20.0	—	80.0
	ボストン映像コンテンツ専門投資組合	187.0	ボストン創業投資	28.0	51.0	108.0
	CJ創業投資9号映画投資組合	100.0	CJ創業投資	12.0	30.0	58.0
	KTB映画多様性のための投資組合	80.0	KTBネットワーク	40.0	—	40.0
合計	4社	467.0		100.0	81.0	286.0

［韓国映画アカデミーのカリキュラム］

領域	講義名	内容
共通課程	ストーリーテリング1、2	ストーリー構成実習
	ビジュアルストーリー	映画の視覚的構成要素を理解し映画制作時にこれらを活用できる能力を培養
	作品分析セミナー1、2	主な映画に対する分析を通じての個人別映画観の確立
	Final Cut Pro特別講義	ファイナルカットプロ（Final Cut Pro）活用能力養成
	同時録音の特別講義	同時録音に対する全般的知識習得
	コスチュームの特別講義	コスチュームに対する全般的知識習得
	撮影・照明WS	映画制作に必要な撮影と照明全般に関する知識習得
	制作セミナー1、3	短編映画実習の進行状況を点検、指導して制作力量を向上

専攻課程	演出セミナー1、2、3、4	演出者個別シナリオのドラマ構成に重点を置いた映画のリズム、俳優、撮影、照明、編集に対する全般的考察
	演出メントリング1、2、3、4	個別面談を通じてストーリーテリングおよび映画演出の概念と技術指導とこれを訓練するメンター授業
	シナリオWS1、2、3、4	各学生のシナリオの発表および討論
	演出WS1、2、3、4	ストーリーをドラマ化する訓練を通じてより説得力ある演出表現法を習得
	プロダクションデザイン	プロダクションデザインに対する正しい理解と演出、撮影、照明、美術の関係性を理解
	編集WS1、2	作品の鑑賞と分析を通じた演出のコンテ理解とこれを基本とする自身感ある編集方法習得
	サウンドWS1、2	映像物制作過程でオーディオポストプロダクションの役割と特性を習得
	制作研究課程のセミナー	制作研究課程の準備のためのセミナー
	マスタークラス	国内外各分野の専門映画人(Master)を招聘して、理論講義から実習制作ワークショップまで多様な形式で進行、Master Classを通じて作家的素養と多様な感覚、先進記法などを習得

出所：韓国映画アカデミーホームページを参照

資料Ⅳ：視聴覚サービス分野における市場開放

[ウルグアイ・ラウンド当時の主要国の視聴覚サービス分野の譲許の現況]

国名	映画およびビデオ制作・配給	映画上映サービス	ラジオ・TVサービス	ラジオ・TV伝送サービス	音盤録音サービス	その他	譲許部門の総計
韓国	●				●		2
インド	●						1
アメリカ	●	●	●	●	●	●	6
日本	●	●				●	3
香港	●				●	●	3
メキシコ	●	●					2
ニュージーランド	●	●	●	●		●	5
中国	●	●					2
台湾	●	●	●		●		4

＊中国と台湾は2001年11月にWTO加入当時の譲許の現況である
＊ウルグアイ・ラウンド以降、WTO体制に入ってからはDDAラウンドに向け2回にわたり譲許案を提出したが、視聴覚サービスに関する部分はいずれも含んでいない。しかし、他国に対する譲許要請案には、韓国ですでに譲許されている項目に対する譲許要求項目を入れている
出所：KISDI内部資料

資料Ⅴ：劇場や放送以外のチャネルにおける映像コンテンツ流通

[地上波放送局が運営するインターネット放送局サイトの概要]
（2004 年）

項目 \ 放送局	SBSi	KBSi	iMBC	EBS
沿革	1999 年 8 月（SBSインターネット設立） 2000 年 3 月（SBSiに社名変更）	2000 年 4 月（韓国通信と共同出資のクレジオドットコムを設立） 2002 年 8 月（社名をKBSiに変更）	2000 年 3 月	2000 年 12 月
有料化時期	2001 年 9 月	2002 年 8 月（コンピアドットコムを通じて迂回的に有料サービス）	2003 年 4 月	2001 年 9 月
資本金	36 億ウォン	147 億ウォン	100 億ウォン	―
資本構成	SBS 83.4%、職員 16.6%	KBS の子会社の e-KBS 34.29%、KT 32.38%	（株）文化放送 69%、（株）文化放送の職員 31%	―
会員	SBSi 会員（1,430万人）、有料会員（279万人）2004 年 6 月現在	コンピア有料会員（67万人）2004 年 9 月現在	（無料会員 1,270万人、会員登録は無料、サービス利用は有料）2004 年 5 月現在	(89万人) 2004 年 6 月現在
一日平均VOD利用者数	1万5千人～2万人	KBSi 会員 26 万人、コンピア会員 2 万人	―	―
売上	208 億ウォン（2002 年）	175 億ウォン（2004 年）	189 億ウォン（2004 年）	―

出所：ウン・ヘジョン（2003）を参照

[ビデオ・DVD部門の売上額の変動]

(単位：億ウォン)

売上額		2001年	2002年	2003年	2004年	2005年
制作会社の売上	ビデオ（レンタル、販売用）	2,422	2,200	1,950	1,311	1,233
	DVD（レンタル、販売用）	230	850	1,000	1,085	867
	合計	2,652	3,050	2,950	2,696	2,100
流通売上	レンタル店	3,600	3,240	3,060	2,520	2,073
	鑑賞室	1,440	1,440	1,380	1,320	1,260
	合計	5,040	4,680	4,440	3,840	3,333
全体市場規模		7,692	7,730	7,390	6,536	5,433

出所：映画振興委員会（2006a）を参照

[近年の国内ビデオレンタル店およびビデオ鑑賞室の数]

(単位：数)

区分	2001年	2002年	2003年	2004年	2005年
ビデオレンタル店数	10,000	9,000	8,500	7,500	7,000
ビデオ鑑賞室数	2,400	2,400	2,300	2,200	2,100

出所：映画振興委員会（2006a）を参照

[映画ダウンロードサービスサイトに関する動向]

サイト	流通方式	視聴機器			サービス開始時点	コンテンツ提供社	その他
		PC	TV	PMP			
ダウンタウン	ダウンロード	○	×	(○)	2006.10	ワーナーホームビデオコリア、MBC	DVD出荷後2週
シネロドットコム	月定額無制限ダウンロード	○	×	○	2006.4	コンテンツプラグ、ルミックスメディア等	DVD出荷後1〜3カ月後

シネフォクス	月定額無制限ダウンロード	○	×	○	2006.11	コンテンツプラグ、ルミックスメディア等	DVD出荷後1〜3カ月後
パランドットコム	月定額無制限ダウンロード	○	×	○	2006.11	自社映像事業部門および個別契約	DVD出荷後1カ月後
Cyworld	ダウンロード	(○)	×	(○)	2007.上半期	ワーナーホームビデオコリア	―
クラブボックス	C2C共有	○	○	○	2006.10	シネヒール、モガエイトリ等	ウェブハード会社

＊(○)は「サービス開始予定」の意味
＊PMPとは、Portable Multimedia Playerの略。基本的にはMP3プレイヤーと同じだが、動画が再生できる
＊C2Cとは、customer to customer（C to C）の略。消費者と消費者間の取引のこと
出所：ジョン・ヒョンジュン（2007）を参照

資料Ⅵ：韓国テレビ番組の輸出価格および地域別平均購入価格（2001年）

(単位：ドル)

区分		ジャンル	地域別平均購入価格	韓国テレビ番組の輸出価格
アジア	日本	ドラマ	16,000～25,000	1,500～31,670
		ドキュメンタリー	9,000～25,000	5,000～8,000
		アニメ	8,300	―
	中国	ドラマ	2,500～8,000	2,500～3,850
		ドキュメンタリー	1,000～5,500	500～1,200
		アニメ	1,200	400
	台湾	ドラマ	2,000～5,000	1,300～1,500
		ドキュメンタリー	1,200～2,500	1,000～1,300
		アニメ	700～1,200	―
	シンガポール	ドラマ	900～2,000	800～1,200
		ドキュメンタリー	700～1,500	500
		アニメ	400～600	―
	ベトナム	ドラマ	500	600～690
	タイ	ドラマ	1,500～3,500	1,000
		ドキュメンタリー	―	520
ヨーロッパ	フランス	ドラマ	16,600	
		ドキュメンタリー	13,200～40,000	6,500～7,500
		アニメ	8,300	―
	ベルギー	ドラマ	3,000～5,000	―
		ドキュメンタリー	2,500～3,000	5,000
		アニメ	1,500	―
	トルコ	ドラマ	1,000～4,500	3,900
		ドキュメンタリー	2,000～3,000	1,500
		アニメ	1,000～3,000	1,000

中東	ヨルダン・レバノン・エジプトなど	ドラマ	650～800	550～800
		ドキュメンタリー	—	1,050～1,200
		アニメ	—	550～770

＊価格は1本当たりの価格（ドラマ50分、ドキュメント50分、アニメ30分のものを基準）を基準にした金額である

出所：TBI 2001年4月号、MBC内部資料および国際マーケット現状に関するインタビューの資料（2001）

参考文献

[日本語文献]

青木昌彦(1995)『経済システムの進化と多元性―比較制度分析序説』東洋経済新報社

青木昌彦・金瀅基・奥野正寛(編)／白鳥正喜(監訳)(1997)『東アジアの経済発展と政府の役割―比較制度分析アプローチ』日本経済新聞社

アング、イエン・ストラットン、ジョン・陳光興／伊豫谷登士翁・酒井直樹・モーリス＝スズキ・テッサ(編)(1998)『グローバリゼーションのなかのアジア―カルチュラル・スタディーズの現在』未來社

李賢宰(2003)「知識基盤社会と文化産業」駄田井正・西川芳昭(編著)『グリーンツーリズム―文化経済学からのアプローチ』創成社

五十嵐暁朗(編)(1998)『変容するアジアと日本―アジア社会に浸透する日本のポピュラーカルチャー』世織書房

池尾和人・黄圭燦・飯島高雄(2001)『日韓経済システムの比較制度分析―経済発展と開発主義のわな』日本経済新聞社

石井健一・渡辺聡(1996)「台湾における日本番組視聴者―アメリカ番組視聴者との比較」『情報通信学会年報 8』情報通信学会

石田佐恵子・木村幹・山中千恵(編著)(2007)『ポスト韓流のメディア社会学』ミネルヴァ書房

伊藤陽一(1988)「近年における日本を中心とした情報流通の変化―ニュース報道と大衆文化」『法学研究』第61巻1号、263-292頁

伊藤陽一(1999)「アジア・太平洋地域における情報交流のパターンと規定要因」『メディア・コミュニケーション』No.48、67-90頁

伊藤陽一(2000)「ニュース報道の国際流通に関する理論と実証」『メディア・コミュニケーション』No.50、45-63頁

伊藤陽一(編)(2005)『ニュースの国際流通と市民意識』慶應義塾大学出版会

伊藤陽一(編)(2007)『文化の国際流通と市民意識』慶應義塾大学出版会

岩渕功一(2001)『トランスナショナル・ジャパン―アジアをつなぐポピュラー文化』岩波書店

岩渕功一(編)(2003)『グローバル・プリズム―〈アジアン・ドリーム〉としての日本のテレビドラマ』平凡社

岩渕功一(編)(2004)『越える文化、交錯する境界―トランスアジアを翔るメディア文化』山川出版社

イン、ロバート・K／近藤公彦(訳)(2011)『ケース・スタディの方法』千倉書房

ウェブスター、フランク／田畑暁生(訳)(2001)『「情報社会」を読む』青土社

ウォーラーステイン・I（編）／丸山勝（訳）（2002）『転移する時代―世界システムの軌道1945-2025』藤原書店
小川浩一（2005）『マス・コミュニケーションへの接近』八千代出版
奥野昌宏（2005）『マス・メディアと冷戦後の東アジア―20世紀末北東アジアのメディア状況を中心に』学文社
小野五郎（1999）『現代日本の産業政策―段階別政策決定のメカニズム』日本経済新聞社
カイ、クリストバル／吾郷健二（監訳）（2002）『ラテンアメリカ従属論の系譜―ラテンアメリカ：開発と低開発の理論』大村書店
門倉貴史（2005）「"冬ソナ"ブームの経済効果」第一生命経済研究所『けいざい・かわら版』
カラン、J・朴明珍（編）／杉山光信・大畑裕嗣（訳）（2003）『メディア理論の脱西欧化』勁草書房
川崎賢一（2006）『トランスフォーマティブ・カルチャー―新しいグローバルな文化システムの可能性』勁草書房
川竹和夫・杉山明子（2004）「日本のテレビ番組の国際性―テレビ番組国際フロー調査結果から」『NHK放送文化研究所　年報2004』NHK放送文化研究所 No. 48、213-261頁
姜尚中・吉見俊哉（2001）『グローバル化の遠近法―新しい公共空間を求めて』岩波書店
金正勲（2007）「韓国プロダクション振興政策―現状と課題」『AERA』フジテレビ編成制作局、181号、30-35頁
金美林（2001）「韓国を中心とした国際情報流通の変化―大衆文化を中心に」慶應義塾大学政策・メディア研究科修士学位論文
金美林・菅谷実（2003）「韓国における映像コンテンツの流通、取引の現状」『公正取引』No. 631、5月号、34-38頁
金美林（2007a）「韓流映像コンテンツの流通とその意義」伊藤陽一（編）『文化の国際流通と市民意識』慶應義塾大学出版会
金美林（2007b）「国際情報と外国の大衆文化への接触に関する研究」『平成18年度　情報通信学会年報』財団法人情報通信学会
金美林（2007c）「東アジアにおける映画館及び配給システムの実態調査と日本映画の上映状況の調査―韓国の状況」『東アジアにおける映画館及び配給システムの実態調査と日本映画の上映状況の調査事業』学校法人東放学園
許均瑞（2004）「現代台湾の大衆文化受容―日本ブームの諸相」『アジア遊学』No. 69、123-132頁
キング、G・コヘイン、R・O・ヴァーバ、S／新渕勝（監訳）（2004）『社会科学のリサーチ・デザイン―定性的研究における科学的推論』勁草書房
コーエン、ロビン・ケネディ、ポール／山之内靖・伊藤茂（訳）（2003）『グローバル・ソシオロジーI／II』平凡社
黄盛彬（2007）「韓流の低力、その言説」石田佐恵子・木村幹・山中千恵（編著）『ポスト韓流のメディア社会学』ミネルヴァ書店
後藤和子（編）（2001）『文化政策学―法・経済・マネジメント』有斐閣

小林昭美（1994）「テレビ番組の国際移動」『国際交流』64 号、33-38 頁
菅谷実（編）（2005）『東アジアのメディア・コンテンツ流通』慶應義塾大学出版会
杉山明子（1993）「テレビ番組の国際交流と異文化理解」『放送教育』日本放送教育協会
スロスビー、デイヴィッド／中谷武雄・後藤和子（訳）（2002）『文化経済学入門―創造性の探求から都市再生まで』日本経済新聞社
高橋一男（1994）「世界の'おしん'現象」『国際交流』64 号、62-69 頁
駄田井正・黒田宣代（2003）「グリーンツーリズムと文化経済学の方法」駄田井正・西川芳昭（編）『グリーンツーリズム―文化経済学からのアプローチ』 創成社
趙淳／深川博史・藤川昇悟（訳）（2005）『韓国経済発展のダイナミズム』法政大学出版局
津田幸男・関根久雄（編）（2002）『グローバル・コミュニケーション論―対立から対話へ』ナカニシヤ出版
津田幸男・浜野恵美（共編）（2004）『アメリカナイゼーション―静かに進行するアメリカの文化支配』研究社
トフラー、アルビン／岡村二郎（監訳）「文化の消費者」翻訳研究会（訳）（2001）『文化の消費者』勁草書房
トムリンソン、ジョン、片岡信（訳）（2000）『グローバリゼーション―文化帝国主義を超えて』青土社
ナイ、ジョゼフ・S／久保伸太郎（訳）（1990）『不滅の大国アメリカ』読売新聞社
ナイ、ジョセフ・S／山岡洋一（訳）（2004）『ソフト・パワー―21 世紀国際政治を制する見えざる力』日本経済新聞社
中村伊知哉・小野打恵（編）（2006）『日本のポップパワー―世界を変えるコンテンツの実像』日本経済新聞社
根木昭・枝川明敬・垣内恵美子・大和滋（1996）『文化政策概論』 晃洋書房
野村総合研究所東京国際研究クラブ（編）（1996）『アジア諸国の産業発展戦略―アジアの持続的発展を促す新産業政策』野村総合研究所
長谷川文雄・福冨忠和（編）（2007）『コンテンツ学』世界思想社
バラン、スタンリー・J、デイビス、デニス・K／宮崎寿子（監訳）（2007）『マス・コミュニケーション理論：メディア・文化・社会　上／下』新曜社
フリードマン、トーマス／東江一紀（訳）（2000）『レクサスとオリーブの木―グローバリゼーションの正体　上／下』草思社
フリードマン、トーマス／伏見威蕃（訳）（2006／2008）『フラット化する世界―経済の大転換と人間の未来　上／下』日本経済新聞社
ブルッカー、P／有元健・本橋哲也（訳）（2003）『文化理論用語集―カルチュラル・スタディーズ』新曜社
ヘルド、D・マッグルー、A／中谷義和・柳原克行（訳）（2003）『グローバル化と反グローバル化』日本経済評論社
（財）放送番組国際流通センター（編）『グローバル化時代のテレビ―相互理解促進の視点から』ジャパンタイムズ

モーリス＝スズキ、テッサ・吉見俊哉（編）（2004）『グローバリゼーションの文化政治』平凡社
吉川直人・野口和彦（編）（2006）『国際関係理論』勁草書房
顆昱誠（1999）「台湾における日本大衆文化について―文化近似性」第3回現代台湾研究学術討論会特集号』台湾史研究会、No. 18、84-93頁
レイガン、チャールズ・C／鹿又伸夫（監訳）（1993）『社会科学における比較研究―質的分析と計量的分析の統合にむけて』ミネルヴァ書房
レオナール、イヴ（編）／植木浩（監訳）・八木雅子（訳）（2001）『文化と社会―現代フランスの文化政策と文化経済』芸団協出版部
渡邊吉鎔（2003）「韓国におけるグローバリゼーション受容プロセスと情報化社会の特色」『総合政策学の最先端Ⅲ』慶應義塾大学出版会

[韓国語文献]

安芝慧（2005）「第5次映画法改正以降の映画政策」金東虎編『韓国映画政策史』ナナム出版
(안지혜 (2005)「제5차 영화법 개정이후의 영화정책」『한국영화정책사』김동호 편저 나남출판.)
李光宇（1984）「従属理論の韓国に対する政治的合蓄」『龍鳳論叢』Vol. 14、121-145頁
(이광우 (1984)「종속이론의 한국에 대한 정치적함의」용봉논총 Vol. 14, pp. 121-145.)
イ・ウンキョン（2007）「KOFIC海外通信員レポート―日本映画産業決算」韓国映画振興委員会
(이은경 (2007)「KOFIC 해외통신원 리포트―일본 영화산업 결산」한국영화진흥위원회.)
イ・サンウ、チョ・ソンウン、イ・ハンヨン、パク・チョンイル、ハン・ウンヨン、シン・ホチョル、チェ・ジョンファ（2003）『WTO体制下の放送産業変化に対する研究（Ⅰ）』研究報告 03-13、情報通信政策研究院
(이상우・조성운・이한영・박천일・한운용・신호철・최정화 (2003)『WTO 체제하의 방송산업 변화에 대한 연구 (Ⅰ)』연구보고 03-13 정보통신정책연구원.)
イ・サンチョル（1988）「文化とコミュニケーション」一志社 457頁
(이상철 (1988)「문화와 커뮤니케이션」일지사 p. 457.)
イ・チャンヒョン（1990）「日本直接衛星放送の電波侵入が持つ社会文化含意」『ソウル大学社会科学科政策研究』Vol. 12, No. 1
(이창현 (1990)「일본 직접위성방송의 전파침입이 갖는 사회문화함의」『서울대학 사회과학정책연구』Vol. 12, No. 1.)
李範璟（1998）『韓国放送史』ボムウサ
(이범경 (1998)『한국방송사』범우사.)
イ・ヒョクサン（2005a）「近代化と新自由主義による韓国映画振興機構の歴史」中央大学

先端映像大学院修士学位論文
(이혁상 (2005a)「근대화와 신자유주의에 의한 한국영화진흥기구의 역사」중앙대학 첨단영상대학원 석사학위논문.)
イ・ヒョクサン (2005b)「韓国映画振興機構の歴史」キム・ドンホほか『韓国映画政策史』ナナム出版
(이혁상 (2005b)「한국영화진흥기구의 역사」『한국영화정책사』김동호외 나남출판.)
イ・ブヒョン (2004)『韓国経済週評』現代経済研究所
(이부형 (2004)『한국경제주평』현대경제연구소.)
イ・ヨン (1999)「日本テレビ番組模倣による問題点とその対応方案」韓国放送振興院が開催した'放送番組模倣の問題点と対処方案'という非公開歓談会の発表文
(이연 (1999)「일본 텔레비전 프로그램 모방에 따른 문제점과 그 대응방안」한국방송진흥원이 개최한 '방송프로그램 모방의 문제점과 대처방안'이라는 비공개 간담회 발표문.)
イム・ドンウク (2006)「文化市場開放の政治経済学:文化帝国主義論争と批判的受容」『韓国言論情報学報』2006年、秋号、No. 35、114-146頁
(임동욱 (2006)「문화시장개방의 정치경제학:문화제국주의 논쟁과 비판적 수용」『한국 언론정보 학보』2006년, 가을호 No. 35, pp. 114-146.)
ウ・シルハ (1997)「文化帝国主義の'暴露'から'解体'へ」『現象と認識』Vol. 21、No. 4、11-30頁
(우실하 (1997)「문화제국주의의 '폭로'에서 '해체'로」『현상과 인식』Vol. 21, No. 4, pp. 11-30.)
元佑鉉 (1980)「メディア広告を通じてみた韓国70年代の特徴」『コミュニケーション科学』Vol. 2、No. 1、3-39頁
(원우현 (1980)「미디어 광고를 통해 본 한국 70년대의 특징」『커뮤니케이션 과학』Vol. 2, No. 1, pp. 3-39.)
ウン・ヘジョン (2003)「放送とインターネットの遭遇」『韓国放送映像産業振興院 研究報告書』韓国放送映像産業振興院
(은혜정 (2003)「방송과 인터넷의 조우:지상파방송 3사의 인터넷사이트 분석」『한국방송영상산업진흥원 연구보고서』한국방송영상산업진흥원.)
ウン・ヘジョン (2005)「中南米放送市場の理解2 ブラジル編」『KBI Issue paper 05-10 (通券14号)』韓国放送映像産業振興院
(은혜정 (2005)「중남미 방송시장의 이해 2 브라질편 『KBI 이슈 페이퍼 05-10 (통권 14호)』한국방송영상산업진흥원.)
映画振興委員会 (2000a)「2000 韓国映画年鑑」映画振興委員会
(영화진흥위원회 (2000a)「2000 한국영화연감」영화진흥위원회.)
映画振興委員会 (2000b)「韓国映画配給現況」『第2回映画フォーラム』映画振興委員会ホームページ
(영화진흥위원회 (2000b)「한국영화 배급현황」『제2회 영화포럼』영화진흥위원회

홈페이지.)

映画振興委員会(2004)『2004 韓国映画年鑑』映画振興委員会
(영화진흥위원회(2004)『2004 한국영화연감』영화진흥위원회.)

映画振興委員会 政策研究チーム(2005)「マルチプレックス産業研究」『研究報告 2005-5』映画振興委員会ホームページ
(영화진흥위원회 정책연구팀(2005)「멀티플렉스 산업연구」『연구보고 2005-5』영화진흥위원회 홈페이지.)

映画振興委員会(2005)『2004 年世界映画市場規模および韓国映画海外進出現況の研究』映画振興委員会
(영화진흥위원회(2005)『2004 년 세계 영화시장 규모 및 한국영화 해외진출현황 연구』영화진흥위원회.)

映画振興委員会(2006a)『2005 韓国映画年鑑』映画振興委員会
(영화진흥위원회(2006a)『2005 한국영화연감』영화진흥위원회.)

映画振興委員会(2006b)『2006 韓国映画決算』映画振興委員会
(영화진흥위원회(2006b)『2006 한국영화결산』영화진흥위원회.)

映画振興委員会(2006c)『映画振興金庫活用実績：1999〜2005 年 7 年間映画振興委員会事業総括』振興委員会
(영화진흥위원회(2006c)『영화진흥금고 활용실적：1999〜2005 년 7 년간 의 영화진흥위원회 사업총괄』영화진흥위원회.)

映画振興委員会(2007a)『2007 韓国映画年鑑』映画振興委員会
(영화진흥위원회(2007a)『2007 한국영화연감』영화진흥위원회.)

映画振興委員会(2007b)『2006 韓国映画産業決算』映画振興委員会ホームページ
(영화진흥위원회 정책연구팀(2007b)『2006 한국영화산업결산』영화진흥위원회 홈페이지.)

映画振興委員会(2008)『第 3 期 映画振興委員会政策白書』映画振興委員会
(영화진흥위원회(2008)『제 3 기 영화진흥위원회 정책백서』영화진흥위원회.)

映画振興委員会(2009)『2009 年 韓国映画産業決算』映画振興委員会
(영화진흥위원회(2009)『2009 년 한국영화산업결산』영화진흥위원회.)

映画振興委員会(2010)『2010 年 韓国映画産業決算』映画振興委員会
(영화진흥위원회(2010)『2010 년 한국영화산업결산』영화진흥위원회.)

映画振興委員会(2011a)『2011 年 韓国映画産業決算』映画振興委員会
(영화진흥위원회(2011a)『2011 년 한국영화산업결산』영화진흥위원회.)

映画振興委員会(2011b)『映画振興委員会と映画発展基金の位相と役割』『韓国映画』2011 年 7 月号 Vol.17 18-29 頁
(영화진흥위원회(2011b)『영화진흥위원회와 영화발전기금의 위상과 역할』『한국영화』2011 년 7 월호, Vol.17, pp.18-29.)

映画振興委員会(2012)『2011 年 韓国映画産業決算』映画振興委員会
(영화진흥위원회(2012)『2011 년 한국영화산업결산』영화진흥위원회.)

映画振興公社（1979-1998）『韓国映画年鑑』映画振興公社
（영화진흥공사（1979-1998）『한국영화연감』영화진흥공사.）
オ・ヨングン（1994）「多媒体時代のテレビ編成と番組開発方案研究―公営放送を中心に」延世大学行政大学院修士学位論文
（오용근（1994）「다매체시대의 텔레비전 편성과 프로그램 개발방안 연구―공영방송을 중심으로」연세대학 행정대학원 석사학위 논문.）
カン・イクヒ（2007）「放送コンテンツ輸出支援事業の再評価および改善方案」『KBIフォーカス』韓国放送映像産業振興院
（강익희（2007）「방송콘텐츠 수출지원사업 재평가 및 개선방안」『KBI 포커스』한국방송영상산업진흥원.）
カン・デイン（2003）「韓国放送の正体性研究」コミュニケーションブックス
（강대인（2003）『한국방송의 정체성 연구』커뮤니케이션북스.）
カン・テヨン（2002）「国際放送番組の流通構造と韓国放送番組の輸出戦略」『放送研究』冬号、7-34頁
（강태영（2002）「국제방송프로그램의 유통구조와 한국 방송프로그램 수출전략」『방송연구』겨울호, pp. 7-34.）
韓国観光公社（2011）「韓国医療観光総覧」韓国観光公社
（한국관광공사（2011）「한국 의료관광 총람」한국관광공사.）
韓国言論財団（1999）『韓国新聞放送年鑑 1999/2000』韓国言論財団
（한국언론재단（1999）『한국신문방송연감 1999/2000』한국언론재단.）
韓国言論財団（2006）『韓国新聞放送年鑑 2006』韓国言論財団
（한국언론재단（2006）『한국신문방송연감 2006』한국언론재단.）
韓国広告学会（1996）『韓国の広告』ナナム出版
（한국광고학회（1996）『한국의 광고』나남출판.）
韓国コンテンツ振興院（2010）「KOCCA FOCUS」10-01、第1号、韓国コンテンツ振興院
（한국콘텐츠진흥원（2010）「KOCCA FOCUS」10-01 제 1 호 한국콘텐츠진흥원.）
韓国コンテンツ振興院（2011a）「放送映像産業白書」韓国コンテンツ振興院
（한국콘텐츠진흥원（2011a）「방송영상산업백서」한국콘텐츠진흥원.）
韓国コンテンツ振興院（2011b）「KOCCA FOCUS」11-05、第33号、韓国コンテンツ振興院
（한국콘텐츠진흥원（2011b）「KOCCA FOCUS」11-05 제 33 호 한국콘텐츠진흥원.）
韓国新聞研究所（1978）「韓国新聞放送年鑑 '78」韓国新聞研究所
（한국신문연구소（1978）「한국신문방송연감 '78」한국신문연구소.）
韓国電波振興協会（2005）『電波放送産業統計年報』韓国電波振興協会
（한국전파진흥협회（2005）『전파 방송산업 통계연보』한국전파진흥협회.）
韓国文化観光政策研究院（2005）『文化政策白書』韓国文化観光政策研究院
（한국문화관광정책연구원（2005）『문화정책백서』한국문화관광정책연구원.）
韓国貿易公社（2004）『最近の韓流現況と活用戦略』韓国貿易公社、貿易研究所、産業研究チーム

、한국무역연구소（2004）『최근의 한류현황과 활용전략』한국무역공사 무역연구소 산업연구팀.）

韓国放送会館（1971）『韓国放送年鑑'71』韓国放送会館
(한국방송회관（1971）『한국방송연감'71』한국방송회관.）

韓国放送公社（1977）『韓国放送史』大韓公論社
(한국방송공사（1977）『한국방송사』대한공론사.）

韓国放送公社（1979）『韓国放送60年史』韓国放送公社
(한국방송공사（1979）『한국방송60년사』한국방송공사.）

金恩雨（1970）「日本色の氾濫」『思想界』1970年3月号
(김은우（1970）「일본색의 범람」『사상계』1970년 3월호.）

金恩雨（1971）「韓国の中の日本色」『世界』1、2 1971年8月、102-108頁
(김은우（1971）「한국속의 일본색」『세계』1、2 1971년 8월、pp. 102-108.）

金元用 & 姜鍾根（1990）「文化帝国主義：韓国におけるアメリカテレビの役割」『社会科学』Vol. 30、No. 1、171-186頁
(김원용·강종한（1990）「문화제국주의：한국에서의 미국 텔레비전의 역할」『사회과학』Vol. 30、No. 1、pp. 171-186.）

キム・ウリョン（1999）「日本大衆文化の開放と我々の言論産業」『延世コミュニケーションズ』Vol. 1999、No. 10、35-41頁、延世大学言論公報大学院
(김우련（1999）「일본대중문화의 개방과 우리의 언론산업」『연세커뮤니케이션즈』Vol. 1999、No. 10、pp. 35-41 연세대학 언론홍보대학원.）

キム・キョンウック（1991）「文化流通市場開放による対策と展望」『文化芸術』1991年3月号
(김경욱（1991）「문화유통시장 개방에 따른 대책과 전망」『문화예술』1991년 3월호.）

キム・グァンソク（2005）「外注制作の著作権に対する研究」延世大学、法務大学院、知的財産権法務専攻修士学位論文
(김광석（2005）「외주제작 저작권에 대한 연구」연세대학교 법무대학원 지적재산권법무 전공 석사학위논문.）

キム・ジウン（編）（1991）『国際情報流通と文化支配』ナナム出版
(김지운（편）（1991）『국제정보유통과 문화지배』나남출판.）

キム・ジェヨン（2003）「国内外注制作の政策に対する評価と反省」『放送文化研究』第15巻2号、161-184頁、韓国放送学会
(김재영（2003）「국내 외주제작 정책에 대한 평가와 반성」『방송문화연구』제15권 2호、pp. 161-184 한국방송학회.）

キム・ジョンオ、キム・グァンオク、ハ・ヨンチュル、イ・チョンピョ（2006）『韓国社会の正体性とグローバル標準の受容』ソウル大学出版部
(김정오·김광억·하용출·이천표（2006）『한국사회의 정체성과 글로벌 표준의 수용』서울대학 출판부.）

キム・ジョンス（2002）「韓流現象の文化産業政策的含意―わが文化産業の海外進出と政府の政策支援」『韓国政策学会報』第11巻、4号、1-21頁

(김정수（2002）「한류현상의　문화산업정책적　함의―우리　문화산업의　해외진출과　정부의　정책지원」『한국정책학　회보』제 11 권, 4 호, pp. 1-21.)

キム・スヨン（2001）「韓国映画制作産業の成果に影響を及ぼす要因に関する研究」延世大学大学院修士学位論文

(김수영（2001）「한국영화제작산업의　성과에　영향을　미치는　요인에　관한　연구」연세대학　대학원　석사학위논문.)

キム・ドンギュ（1992）「1980 年代韓国放送産業の経済的特性に関する研究」『言論文化研究』10 巻

(김동규（1992）「1980 년대　한국방송산업의　경제적　특성에　관한　연구」『언론문화연구』10 권.)

キム・ドンホ（1990）「韓国映画政策の発展方向に関する研究」　漢陽大学行政大学院修士学位論文

(김동호（1990）「한국영화정책의　발전방향에　관한　연구」한양대학교　행정대학원　석사학위논문.)

キム・ドンホ他（2005）『韓国映画政策史』ナナム出版

(김동호　외（2005）『한국영화정책사』나남출판.)

キム・ハクス（2002）『スクリーンの外の韓国映画史』人物と思想社

(김학수（2002）『스크린밖의　한국영화사』인물과　사상사.)

金炳翼（1971）「加重する日本文化の公害」『タリ』1971 年 10 月号

(김병익（1971）「가중하는　일본문화의　공해」『다리』1971 년 10 월호.)

(＝（1973）渋谷仙太郎編訳『南朝鮮の反日論―日本の新膨張主義批判』サイマル出版会)

キム・ミヒョン他（2002）『韓国映画技術史研究』映画振興委員会

金浩鎭（1988）「第 3 世界国際政治理論の受容と批判」国際政治論叢、Vol. 28、No. 1

(김호진（1988）「제 3 세계　국제정치이론의　수용과　비판」국제정치논총　Vol. 28, No. 1.)

キム・ミヒョン他（2002）『韓国映画技術史の研究』映画振興委員会

(김미현　외（2002）『한국영화기술사　연구』영화진흥위원회.)

KBS 政策チーム（2003）「放送コンテンツ国内流通および活用の問題点と課題」『放送文化』2003 年 2 月号

(KBS 정책팀（2003）「방송콘텐츠　국내유통　및　활용의　문제점과　과제」『방송문화』2003 년 2 호.)

ゴ・ジョンミン（2005）「韓流の持続と企業の活用方案」サムスン経済研究

(고정민（2005）「한류의　지속과　기업의　활용방안」삼성경제연구소.)

高性俊（1982）「南北韓関係からみた従属理論―A.G.Frank の理論と関連して」『論文集』Vol. 14、No. 1、359-376 頁、ジェジュ大学

(고성준（1982）「남북한　관계로　본　종속이론―A.G.Frank 의　이론과　관련하여」『논문집』Vol. 14, No. 1, pp. 359-376　제주대학.)

国会予算政策処（2007）「大韓民国財政 2007」国会予算政策処

(국회예산　정책처（2007）「대한민국　재정 2007」국회예산　정책처.)

国会事務処（2003）「2003年度国政監査資料集（10）―文化観光部所管」国会事務処
(국회사무처 (2003)「2003년도 국정감사자료집 (10)―문화관광부 소관」국회사무처.)
沈義変（1987）「従属理論と韓国的受容」『明知学生生活』Vol. 2、17-35頁
(심의변 (1987)「종속이론과 한국적 수용」『명지학생생활』Vol. 2, pp. 17-35.)
シム・ソクテ（2003）『文化的例外と放送市場開放：WTO放送市場開放の協商に対する時論的研究』ナナム出版
(심석태 (2003)『문화적 예외와 방송시장 개방：WTO 방송시장개방의 협상에 대한시론적 연구』나남출판)
ジャン・インソク（1998）「日本大衆文化開放と'自己解放'―日本大衆文化談論の性格と開放の方向」1998年国際文化学術会議の発表論文、ソウル大学社会科学大学付設国際問題研究所
(장인석 (1998)「일본대중문화개방과 '자기해방'―일본대중문화 담론의 성격과 개방의 방향」1998년 국제문화학술회의 발표논문 서울대학 사회과학대학 부설 국제문제연구소.)
ジョ・ハンゼ（2003）『韓国放送の歴史と展望』ハンウルアカデミー
(조항제 (2003)『한국 방송의 역사와 전망』한울 아카데미.)
ジョ・ヒョンソン（2003）「日本大衆文化開放影響分析及び対応方案」韓国文化観光政策研究院ホームページ
(조현성 (2003)「일본대중문화 개방영향분석 및 대응방안」한국문화관광 정책연구원홈페이지.)
ジョン・インスク（1999）『放送産業と政策の理解』コミュニケーションブックス
(정인숙 (1999)『방송산업과 정책의 이해』커뮤니케이션 북스.)
ジョン・ギュチャン、イ・ヨンジュ、バク・グンソ、ホン・ソンイル、イ・サンギル、キム・キョンファン、イ・ジョンニム、キム・ヨンチャン、チェ・ソクジン（2006）『グローバル時代におけるメディア文化の多様性』コミュニケーションブックス
(정규찬・이영주・박근서・홍성일・이상길・김경환・이종님・김영찬・채석진 (2006)『글로벌 시대의 미디어문화의 다양성』커뮤니케이션북스.)
ジョン・スンイル、ジャン・ハンソン（2000）『韓国TV40年の足跡』アンウルアカデミー
(정순일・장한성 (2000)『한국 TV40년의 발자취』한울 아카데미.)
ジョン・スンウン（2002）「中国の韓流現象の社会文化的意味―トムリンソンの"文化帝国主義"批判理論を中心に」成均館大学修士学位論文
(전승은 (2002)「중국의 한류현상의 사회문화적 의미―톰린슨의 "문화제국주의"비판이론을 중심으로」성균관대학 석사학위논문.)
ジョン・チャンヨン（1977）「新製品の革新と拡散に関する研究：白黒テレビの場合」『産業と経営』Vol. 4、No. 1、997-1005頁
(정창영 (1977)「신제품의 혁신과 확산에 관한 연구：흑백텔레비전의 경우」『산업과 경영』Vol. 4, No. 1, pp. 997-1005.)
ジョン・ヒョンジュン（2007）「映画コンテンツのデジタル流通動向」『情報通信政策』第

19巻3号、通巻410号
(정현준 (2007)「영화 콘텐츠의 디지털 유통 동향」『정보통신정책』제19권 3호, 통권 410호.)
ジョン・ボンス (2003)「国家別興行映画の消費構造の特性」『韓国言論学報』Vol. 43、No. 3 281-303頁
(전범수 (2003)「국가별 흥행영화 소비구조의 특성」『한국언론학보』Vol. 43, No. 3, pp. 281-303.)
ジョン・ユンキョン (1999)「国内放送構造変化による地上波放送の番組輸入・編成行為と成果の変化」『放送研究』48、284-322頁
(정윤경 (1999)「국내 방송구조 변화에 따른 지상파 방송의 프로그램 수입·편성행위와 성과의 변화」『방송연구』48, pp. 284-322.)
ジョン・ユンキョン (2003)「アジア受容者研究」『KBI研究 03-13』韓国放送映像産業振興院、コミュニケーションブックス
(정윤경 (2003)「아시아 수용자 연구」『KBI연구 03-13』한국방송영상산업 진흥원 커뮤니케이션북스.)
ジョン・ユンキョン (2003)『放送番組の輸入と受容』コミュニケーションブックス
(정윤경 (2003)『방송프로그램의 수입과 수용』커뮤니케이션북스.)
ジョン・ユンキョン (2006)「国内独立制作社支援政策に対する評価—独立制作社の満足度を中心に」『放送学報』韓国放送学会
(정윤경 (2006)「국내 독립제작사 지원정책에 대한 평가—독립제작사의 만족도를 중심으로」『방송학보』한국방송학회.)
ジン・ファヨン (2007)「KOFIC 海外通信員レポート—ドイツ映画産業の現住所と改善策」韓国映画振興委員会
(진화영 (2007)「KOFIC 해외통신원 리포트—독일 영화산업의 현주소와 개선책」한국영화진흥위원회.)
ソ・キョンア (1995)「TV 外国映画番組編成実態に関する研究」慶熙大学新聞放送大学院修士学位論文
(서경아 (1995)「TV 외국영화 프로그램 편성실태에 관한 연구」경희대학 신문방송대학원 석사학위논문.)
ソン・キョンヒ (1999)「外注制作義務編成政策の効果及び改善方向の研究」韓国放送映像産業振興院
(송경희 (1999)「외주제작 의무편성정책의 효과 및 개선방향의 연구」한국방송영상산업진흥원.)
ソン・キョンヒ (2002a)「アジア国家のテレビ:放送構造、番組、受容者」韓国放送振興院
(송경희 (2002a)「아시아 국가의 텔레비전 : 방송구조, 프로그램, 수용자」한국방송진흥원.)
ソン・キョンヒ (2002b)「番組制作費支援制度:現況及び成果」韓国放送振興院
(송경희 (2002b)「프로그램 제작비 지원제도 : 현황 및 성과」한국방송진흥원.)

ソン・スンヘ（2002）「グローバルテレビ時代の受容者能動性：深層インタビューを利用した韓国の超国家的衛星放送視聴者事例研究」『韓国言論学報』Vol. 46、No. 6、127-152頁
（송승혜（2002）「글로벌 텔레비전 시대의 수용자 능동성：심층인터뷰를 이용한 한국의 초국가적 위성방송 시청자 사례연구」『한국언론학보』Vol. 46, No. 6, pp. 127-152.）
ソ・ソンミン（1998）「観光映画産業"I M Fine"」『時事ジャーナル』1998年8月27日71面
（서성민（1998）「관광영화산업"I M Fine"」『시사저널』1998년 8월 27일 71면.）
第一企画（1980）「韓国広告80」第一企画
（제일기획（1980）「광고연감80」제일기획.）
第一企画（1986）「広告年鑑86」第一企画
（제일기획（1986）「광고연감86」제일기획.）
第一企画（1992-2005）「広告年鑑1992-2005」第一企画
（제일기획（1992-2005）「광고연감1992-2005」제일기획.）
大韓商工会議所（2005）『韓流熱風の実態と企業の戦略的活用方案』大韓商工会議所
（대한상공회의소（2005）『한류열풍의 실태와 기업의 전략적 활용방안』대한상공회의소.）
チェ・キョンファン（1986）「従属理論のイデオロギー性に関する批判的研究」『統一韓国』No. 9、平和問題研究所、73-82頁
（최경환（1986）「종속이론의 이데올로기성에 관한 비판적 연구」『통일한국』No. 9, 평화문제 연구소, pp. 73-82.）
チェ・ジヨン（2011）「新韓流発展のための政策方案の研究」韓国文化観光研究院
（채지영（2011）「신한류 발전을 위한 정책방안 연구」한국문화관광연구원.）
チェ・ジョンファ（2004）「国内放送市場における外国人所有規制政策に関する政策参与者たちの認識研究」梨花女子大学大学院修士学位論文
（채정화（2004）「국내 방송시장에서의 외국인 소유규제 정책에 관한 정책참여자들의 인식연구」이화여자대학 대학원 석사학위논문.）
チェ・チャンラク（2001）「外国映画直接配給以降の韓国映画産業発展研究」中央大学芸術大学院芸術経営学科修士学位論文
（채창락（2001）「외국영화 직배 이후의 한국영화산업 발전 연구」중앙대학교 예술대학원 석사학위논문.）
チェ・ビョンチョル（2005）「メキシコに吹く韓流の風、吹け！吹け！」『月刊ノウル』Vol. 163、2005年1月号、韓国文化観光研究院
（최병철（2005）「멕시코에 부는 한류 바람, 불어라! 불어라!」『월간 너울』Vol. 163 2005년 1월호 한국문화관광연구원.）
チェ・ヒョンチョル（2001）「放送事業者の所有規制に関する研究」『放送事業者の所有規制および市場占有率に関する研究』政策研究、2001-3、放送委員会
（최현철（2001）「방송사업자의 소유규제에 관한 연구」『방송사업자의 소유규제 및시장점유율에 관한 연구』정책연구 2001-3 방송위원회.）

チェ・ヤンス（1996）「放送広告公社の位相と公益資金」『延世行政論議』Vol. 21、No. 1 延世大学行政大学院、169-188 頁
(최양수 (1996)「방송광고공사의 위상과 공익자금」『연세행정논의』Vol. 21. No. 1 연세대학행정대학원. pp. 169-188.)

チュゲ芸術大学文化産業研究所（2004）「韓流マーケティング波及効果および今後の発展方向」韓国観光公社
(추계 예술대학 문화산업연구소 (2004)「한류마케팅 파급효과 및 향후의 발전방향」한국관광공사.)

(社) 独立制作社協会（2001）「外注制作契約慣行の改善のための標準契約書導入方案研究」2001 年12 月（社）独立制作社協会
((사) 독립제작사협회 (2001)「외주제작 계약관행 개선을 위한 표준계약서 도입방안 연구」2001. 12. (사) 독립제작사협회.)

ノ・チョルファン（2007）「KOFIC 海外通信員レポート─フランス映画産業決算」韓国映画振興委員会
(노철환 (2007)「KOFIC 해외통신원 리포트─프랑스 영화산업 결산」한국영화진흥위원회.)

バク・ジェボク（2001）「グローバル時代の韓国 TV 番組の国際競争力再考方案の研究：MBC 番組の海外輸出事例分析を中心に」延世大学言論広報大学院放送映像専攻修士学位論文
(박재복 (2001)「글로벌시대 한국 TV 프로그램의 국제경쟁력 제고방안 연구; MBC 프로그램의 해외수출 사례분석을 중심으로」연세대학교 언론홍보대학원 석사학위논문.)

バク・ジェボク（2005）『韓流、グローバル時代の文化経済力』サムスン経済研究所
(박재복 (2005)『한류, 글로벌시대의 문화경쟁력』삼성경제연구소.)

バク・ジヨン（2005）「映画法制定から第 4 次改正期までの映画政策」『韓国映画政策史』キム・ドンホ他、ナナム出版
(박지연 (2005)「영화법 제정에서 제 4 차개정기까지의 영화정책」『한국영화정책사』김동호 외 나남출판.)

バク・ソラ（2003）「相対的市場規模と国家間交流がテレビ番組輸入に及ぼす影響に関する研究」『韓国放送学報』Vol. 17、No. 4、186-221 頁
(박소라 (2003)「상대적 시장규모와 국가간 교류가 텔레비전 프로그램 수입에 미치는 영향에 관한 연구」『한국방송학보』Vol. 17, No. 4, pp. 186-221.)

バク・ソラ（2004）「韓国と中国の放送産業の特性および交流現況」『中国はなぜ韓流を受容するのか』ジャン・スヒョン他、学古房
(박소라 (2004)「한국과 중국의 방송산업의 특성 및 교류현황」『중국은 왜 한류를 수용하는가』장수현 외 학고방.)

朴明珍（1988）「米国映画と韓国映画文化」論文集（The Journal of International studies）No. 12、ソウル大学付設国際問題研究所　65-77 頁

(박명진（1988）「미국영화와 한국영화문화」논문집（The Journal of International studies）No. 12, 서울대학 부설 국제문제 연구소, pp. 65-77.）
バク・ヨンウン（2006）「2004 年韓国映画収益性分析と映画産業収益性向上方案」『研究報告 2005-7』韓国映画振興委員会ホームページ
（박용운（2006）「2004 년 한국영화수익성 분석과 영화산업 수익성 향상 방안」『연구보고 2005-7』한국영화진흥위원회 홈페이지.）
ハン・ウンヨン（2003）「WTO 時代各国の放送サービス規制政策比較（Ⅰ）」『情報通信政策』第 15 巻 7 号、情報通信政策研究院
（한은영（2003）「WTO 시대 각국의 방송서비스 규제정책 비교（Ⅰ）」『정보통신정책』제 15 권 7 호, 정보통신정책연구원.）
ハン・ギュンテ（1988）「外国番組の編成と問題点」『放送研究 27』冬号、74-87 頁
（한균태（1988）「외국프로그램의 편성과 문제점」『방송연구 27』겨울호, pp.74-87.）
ハン・ホンソク（2004）「中国大衆文化市場の形成と外国大衆文化の受容：韓流発生の時代的背景を中心に」ジャン・スヒョン他『中国はなぜ韓流を受容するのか』学古房
（한홍석（2004）「중국 대중문화시장의 형성과 외국 대중문화의 수용：한류발생의 시대적 배경을 중심으로」『중국은 왜 한류를 수용하는가』장수현 외 학고방.）
ビョン・ドンヒョン（1992）「DBS と国際コミュニケーション様相の変化—日本衛星放送の影響と対策を中心に」『韓国言論学報』Vol. 27、No. 1、225-244 頁
（변동현（1992）「DBS 와 국제커뮤니케이션 양상의 변화—일본 위성방송의 영향과 대책을 중심으로」『한국언론학보』Vol. 27, No. 1, pp. 225-244.）
邊昌九（1982）「従属理論の批判的考察」論文集（Bulletin of Pusan Teachers College）Vol. 18, No. 1、251-268 頁
（변창구（1982）「종속이론의 비판적 고찰」논문집（Bulletin of Pusan Teachers College）Vol. 18, No. 1 pp. 251-268.）
ファン・グン（2001）「放送発展基金運用および問題点に対する小考」韓国言論情報学会・韓国広告教育学会 2001 年特別セミナー発表資料
（황근（2001）「방송발전기금 운용 및 문제점에 대한 소고」한국언론정보학회・한국광고교육학회 2001 년 특별세미나 발표자료.）
文化観光部（2004）『2004 文化産業白書』文化観光部
（문화관광부（2004）『2004 문화산업백서』문화관광부.）
文化観光部（2006a）『2005 文化産業白書』文化観光部
（문화관광부（2006a）『2005 문화산업백서』문화관광부.）
文化観光部（2006b）『2005 文化政策白書』文化観光部
（문화관광부（2006b）『2005 문화정책백서』문화관광부.）
文化観光部（2007a）『2006 文化産業白書』文化観光部
（문화관광부（2007a）『2006 문화산업백서』문화관광부.）
文化観光部（2007b）『放送映像独立制作社の申告現況』文化観光部

(文化観光部（2007b）『放送映像 独立製作社の 申告現況』文化観光部.)
文化放送（1991）『文化放送30年年表』MBC文化放送
문화방송（1991）『문화방송 30 년연표』MBC 문화방송
放送委員会（2002）「2002放送産業実態調査報告書」放送委員会
(방송위원회（2002）『2002 방송산업 실태조사 보고서』방송위원회.)
放送委員会（2003）「2003放送産業実態調査報告書」放送委員会
(방송위원회（2003）『2003 방송산업 실태조사 보고서』방송위원회.)
放送委員会（2004）「2004放送産業実態調査報告書」放送委員会
(방송위원회（2004）『2004 방송산업 실태조사 보고서』방송위원회.)
放送委員会（2005a）「放送委員会告示第2005-2号」放送委員会
(방송위원회（2005a）『방송위원회 고시제 2005-2 호』방송위원회.)
放送委員会（2005b）「2005放送産業実態調査報告書」放送委員会
(방송위원회（2005b）『2005 방송산업 실태조사 보고서』방송위원회.)
放送委員会（2006a）「2006年放送産業実態調査報告書」放送委員会
(방송위원회（2006a）『2006 방송산업 실태조사 보고서』방송위원회.)
放送委員会（2006b）「放送番組編成比率告示の改定告示案」放送委員会
(방송위원회（2006b）『방송프로그램 편성비율 고시 개정고시안』방송위원회.)
放送委員会（2006c）「放送白書」放送委員会
(방송위원회（2006c）『방송백서』방송위원회.)
放送委員会（2006d）「2001～2005年度基金運用実績」放送委員会
(방송위원회（2006d）「2001～2005 년도 기금운용실적」방송위원회.)
放送委員会（2007a）「放送統計資料集」放送委員会
(방송위원회（2007a）「방송통계 자료집」방송위원회.)
放送委員会（2007b）「国内ドラマ制作システム改善方案の研究」放送委員会
(방송위원회（2007b）「국내 드라마 제작 시스템 개선 방안 연구」방송위원회.)
放送委員会（2007c）「2006年度基金運用実績」 放送委員会
(방송위원회（2007c）「2006 년도 기금운용실적」방송위원회.)
放送委員会（2007d）「2007年基金運用計画説明資料」放送委員会
(방송위원회（2007d）「2007 년 기금운용계획 설명 자료」방송위원회.)
放送通信委員会（2009）「2009年放送事業者の編成現況の調査報告書」放送通信委員会
(방송통신위원회(2009)「2009 년 방송사업자 편성현황 조사보고서」방송통신위원회.)
放送通信委員会（2010）「放送通信発展基金のビジョンおよび中長期運用戦略の研究」放送通信委員会・韓国電波振興院
(방송통신위원회／한국전파진흥원 （2010）「방송통신발전기금의 비전 및 중장기 운용전략의 연구」방송통신위원회・한국전파진흥원.)
放送通信委員会（2011）「2010年放送事業者の編成現況の調査報告書」放送通信委員会
(방송통신위원회(2011)「2010 년 방송사업자 편성현황 조사보고서」방송통신위원회.)
マックスムーヴィー（2007）「韓国映画広告・公報費だけで14億」(株)マックスムーヴィー

ホームページ
(맥스무비 (2007)「한국영화광고・광고비만으로 14 억」(주) 맥스무비 홈페이지.)

マ・ドンフン (2011)「1960 年代初期のテレビと国家」『韓国放送の社会文化史：日本帝国の強制占領期から 1980 年代まで』ハンウルアカデミー
(마동훈 (2011)「1960 년대 초기 텔레비전과 국가」『한국 방송의 사회문화사：일제 강점기부터 1980 년대까지』한울 아카데미.)

楊慶学 (2001)「韓国文化産業振興政策に関する研究」延世大学行政大学院公共政策専攻修士学位論文
(양경학 (2001)「한국 문화산업 진흥정책에 관한 연구」연세대학행정대학원 공공정책전공 석사학위논문.)

ヤン・ウンギョン (2003)「東アジアトレンディドラマ流通に対する文化的近似性研究」『放送研究』夏号、197-220 頁
(양은경 (2003)「동아시아 트랜디드라마 유통에 대한 문화적 근접성 연구」『방송연구』여름호, pp. 197-220.)

ヤン・ギソク (1994)「日本衛星放送の視聴による文化的影響」『東亜大学大学院論文集』Vol. 19、東亜大学大学院、155-174 頁
(양기석 (1994)「일본 위성방송 시청에 의한 문화적 영향」『동아대학대학원 논문집』Vol. 19, 동아대학대학원, pp. 155-174.)

ヤン・ムンソク (2003)「外注政策 13 年の評価と発展的方向に対する研究」セミナー抜粋集
(양문석 (2003)「외주정책 13 년의 평가와 발전적 방향에 대한 연구」세미나 발췌집.)

ヤン・ハンヨル (2003)「デジタル時代の放送事業者に対する所有規制」民主言論市民連合、政策フォーラム発表文
(양한열 (2003)「디지털시대의 방송사업자에 대한 소유규제」민주언론시민연합 정책포럼 발표문.)

ヤン・ヨンチョル (2006)『映画産業』ジッムンダン
(양영철 (2006)『영화산업』집문당.)

ユ・サンチョル等 (2005)『韓流 DNA の秘密─ソフトパワー、ソフトコリアの現場を探して─ソフトパワーを読むイ・オリョンとの対話』思いの木
(유상철 등 (2005)『한류 DNA 의 비밀─소프트파워, 소프트코리아의 현장을 찾아서─소프트파워를 읽는 이어령과의 대화』생각의 나무.)

ユ・セギョン & ジョン・ユンギョン (2000)「国内地上波テレビ番組の海外販売決定要因に関する研究」『韓国放送学報』Vol. 14、No. 1、209-255 頁
(유세경・정윤경 (2000)「국내 지상파 텔레비전 프로그램의 해외판매 결정요인에 관한 연구」『한국방송학보』Vol. 14, No. 1, pp. 209-255.)

ユ・セギョン & イ・ギョンスク (2001)「東北アジア 3 国のテレビドラマに現れた文化的近似性」『韓国言論学報』Vol. 45、No. 3、230-267 頁
(유세경・이경숙 (2001)「동북아시아 3 국의 텔레비전 드라마에 나타난 문화적

근접성」『한국언론학보』Vol. 45, No. 3, pp. 230-267.)

ユン・ゼシク(2004a)『韓流と放送映像コンテンツマーケティング—ベトナム・タイ市場拡大戦略』韓国放送映像産業振興院コミュニケーションブックス

(윤재식(2004a)『한류와 방송영상 콘텐츠 마케팅—베트남·태국 시장 확대 전략』한국방송영상산업진흥원 커뮤니케이션북스.)

ユン・ゼシク(2004b)『放送映像産業振興政策の理解』コミュニケーションブックス

(윤재식(2004b)『방송영상산업 진흥정책의 이해』커뮤니케이션북스.)

ユン・ゼシク(2006)『マーケット・クリッピング』韓国放送映像産業振興院

(윤재식(2006)『마켓 클리핑』한국방송영상산업 진흥원.)

ユン・ゼシク(2007a)「KBI フォーカス 07-13(統巻 32 号)2007 上半期 放送韓流現況分析」韓国放送映像産業振興院

(윤재식(2007a)「KBI 포커스 07-13 (총권 32 호) 2007 상반기 방송한류 현황분석」한국방송영상산업진흥원.)

ユン・ゼシク(2007b)『韓流と放送映像コンテンツ・マーケティング—ベトナム・タイでの拡大戦略』コミュニケーションブックス

(윤재식(2007b)『한류와 방송영상콘텐츠 마케팅: 베트남, 태국시장 확대전략』커뮤니케이션 북스.)

[英語文献]

Ang, Ien (1990) Cultural and Communication: Towards an Ethnographic Critique of Media Consumption in the Transnational Media System, *European Journal of Communication* Vol.5, 239-260.

Antola, Livia & Rogers, Everett M. (1984) Television Flows in Latin America, *Communication Research* Vol.11 No.2, April, 183-202.

Baran, Stanley J. (2000) *Mass Communication Theory: Foundations, Ferment, and Future*, Wadsworth, a division of Tomson Learning.

Beltran, L.R. (1978) Communication and Cultural Dominations: USA-Latin American Case, *Media Asia* 5, 183-192.

Chalaby, Jean K. [ed.] (2005) *Transnational Television Worldwide: Towards a New Media Order*, I.B.Tauris & Co.Ltd.

Elasmar, Michel G. (1997) The Impact of Foreign TV on a Domestic Audience: A Meta-Analysis, *Communication Yearbook* 20, 47-69.

Elasmar, Michel G. [ed.] (2003) *The Impact of International Television: A paradigm Shift*, Lawrence Erlbaum Associates.

Frank, Gunder Andre (1969) *Capitalism and underdevelopment in Latin America*, New York: Monthly Review Press.

Galtung, J (1971) A structural theory of imperialism, *Journal of Peace Research*, 8(2) 81-117.

Gunasekera, Anura & Lee, Paul S.N. [ed.] (1988) *TV without Borders: Asia Speak Out*, Asian Media Information and Communication Centre.

Gutierrez, Felix F. & Schement, Jorge Reina (1984) Spanish International Network: The Flow of Television from Mexico to the United States, *Communication Research* Vol.11 No.2, April., 241-258.

Hoskins, Colin & Mirus, Rolf (1988) Reasons for the US dominance of the international trade intelevision programmes, *Media, Culture and Society* Vol.10, 499-515.

Hoskins, Colin & Mirus, Rolf & William, Rozeboom (1989) U.S. Television Programs in the International Market: Unfair Pricing, *Journal of Communication* 39(2), Spring, 55-75.

Ito, Youichi (1989) The Trade Winds Change: Japan's Shift from an Information Importer to an Information Exporter, 1965-1985, *Communication Yearbook* 13, 430-465.

La Pastina, Antonio C. (2001) Product Placement in Brazilian Prime Time Television: The Case of the Reception of a Telenovela, *Journal of Broadcasting & Electronic Media* 45(4), 541-557.

Lealland, Geoffrey (1984) *American Television Programmes on British Screens*, London: Broadcasting Research Unit.

Lee, C.C. (1980) *Media Imperialism Reconsidered: The Homogenizing of Television Culture*, Beverly Hill.

McQuail, Denis (2000) *McQuail's Mass Communication Theory* (4th Edition), SAGE Pubilications. (=(2010) 大石裕監訳『マス・コミュニケーション研究』慶應義塾大学出版会)

Mattelart, A. et al. (1984) *International Image Markets: In Search of an Alternativer Perspective*, London: Comedia.

Morley, David (1992) *Televison Audiences & Cultural Studies*, Routledge.

Mowlana, Hamid (1985) International Flow of Information: a global report and analysis, *Reports and Papers on Mass Communication* No.99, UNESCO.

Nordenstreng, K. & Varis, T. (1974) Television Traffic-a One –way Street? A Survey and Analysis of the international Flow of Television Programme Material, *Reports and Papers on Mass Communication*, 70. Paris: UNESCO.

OECD (2001) *Communication Outlook 2001*, OECD.

Oliver, Boyd-Barret (1977) Media Imperialism: Towards an International Framework for the Analysis of Media Systems, *Mass Communication and Sociey*, 116-133 in Curran et al. [ed.]

Pendakur, Manjunath (1985) Dynamics of Cultural Policy Making: The U.S. Film Industry in India, *Journal of Communication* 35, Autumn, 52-73.

Pierson, Paul (2004) *Politics in Time: History, Institutions, and Social Analysis*, Princeton University Press. (=(2010) 粕谷祐子監訳『ポリティクス・イン・タイム―歴史・制度・社会分析』勁草書房)

Pool, Ithiel de Sola (1977) The Changing Flow of Television, *Journal of Communication*, Spring, 139-149.

Pool, Ithiel de Sola (1979) The Influence of International Communication on Development, *Media*

Asia, 6(3), 149-156.

Razavi-Tavakoli, Fariba (1992) International Flows of Selected Cultural Goods, 1970-1987 *Statistical reports and studies;* 32, UNESCO.

Read, W. (1976) *America's Mass Media Merchants. Baltimore,* Johns Hopkins University Press.

Rogers, Everett M. & Antola, Livia (1985) Telenovelas: A Latin American Success Story, *Journal of Communication* 35, Autumn, 24-35.

Salwen, Michael B. (1991) Cultural Imperialism: A Media Effects Approach, *Critical Studies in Mass Communication* 8., 29-38.

Schement, Jorge Reina & Gonzalez, Ibarra N. & Lum, Patrica & Valencia, Rosita (1984) The International Flow of Television Programs, *Communication Research* Vol.11 No.2, April, 163-182.

Schement, Jorge Reina & Rogers, Everett M. (1984) Media Flows in Latin America, *Communication Research* Vol.11 No.2, April, 305-320.

Schiller, H.I. (1969) *Mass Communication and American Empire,* New York: August M. Kelley.

Schiller, H.I. (1976) *Communication and Cultural Domination,* New York: International Arts and Sciences Press.

Schiller, H.I. (1996) *Information Inequality: The Deepening Social Crisis in America,* New York: Routledge.

Sepstrup, P. (1989) Research into international Television Flows: A Methodological Contribution, *European Journal of Communication* 4(4), 393-407.

Straubhaar, J.D. (1984) Brazilian television: The Decline of American influence, *Communication Research* 11(2), 221-240.

Straubhaar, J.D. (1991) Beyond Media Imperialism: Asymmetrical Interdependence and Cultural Proximity, *Critical Studies in Mass Communication* 8, 39-59.

Thussu, Daya Kishan [ed.] (1998) *Electronic Empires: Global Media and Local Resistance,* Arnord.

Thussu, Daya kishan (2000) *International Communication: Continuity and Change,* Arnord.

Thussu, Daya kishan [ed.] (2007) *Media on the Move: Global flow and contra-flow,* Routledge.

Tunstall, J. (1977) *The Media are American,* New York: Columbia University Press.

UNESCO (1987) International Flow of Cultural Information, *Reports and Studies* (*for the study of development*), UNESCO.

UNESCO (2005) International Flow of Selected Cultural Goods and Services, 1994-2003: Defining and Capturing the Flows of Global Cultural Trade, UNESCO.

Varis, T (1985) International Flow of Television Programmes, *Reports and papers on mass communication* No.100, UNESCO.

[ウェブサイトと法律、新聞記事]

1．ウェブサイト

学術研究情報サービス　http://www.riss.kr
韓国映画アカデミー　http://www.kafa.ac
韓国映画振興委員会　http://www.kofic.or.kr
韓国観光公社　http://www.knto.or.kr/
韓国教育学術情報院　http://www.keris.or.kr/
韓国言論学会　http://www.comm.or.kr
韓国言論財団メディア統計情報システム　http://mediasis.kpf.or.kr
韓国国会図書館　http://www.nanet.go.kr
韓国コンテンツ振興院　http://www.kocca.kr
（旧）韓国放送映像産業振興院　http://www.kbi.re.kr/
韓国文化観光政策研究院　http://www.kctpi.re.kr
韓国文化芸術委員会　http://www.arko.or.kr/home2005/contents/a101047/view
韓国文化産業交流財団　http://www.kofice.or.kr/c30_correspondent/c30_correspondent_02_view.asp?seq=8708
広告情報センター　http://www.adic.co.kr/
http://boxofficemojo.com/studio/
http://www.ukfilmcouncil.org.uk/usr/ukfcdownloads/220/RSU_Bulletin_v2.pdf
情報通信サイバー歴史館　http://20c.itfind.or.kr/20/4_4_3_3.html
文化体育観光部　http://www.mcst.go.kr
法制処　http://www.moleg.go.kr

2．法律

（歴代）放送法
言論基本法
（歴代）映画法
映画振興法
映画およびビデオ物の振興に関する法律

3．新聞記事

『朝日新聞』2004年5月4日　朝刊　2面総合
『朝日新聞』2004年11月29日　朝刊　3面総合
『朝日新聞』2011年9月20日　インターネット版
『京卿新聞』1967年7月22日　8面（경향신문 1967년 7월 22일　8면.）
『産経新聞』2004年6月3日　東京朝刊
『朝日新聞』2007年4月25日 朝刊 文化面

『中央日報』1975 年 4 月 2 日　4 面（중앙일보 1975 년 4 월 2 일　4 면.）
『中央日報』1978 年 9 月 18 日　4 面（중앙일보 1978 년 9 월 18 일　4 면.）
『中央日報』1978 年 10 月 21 日　1 面（중앙일보 1978 년 10 월 21 일　1 면.）
『中央日報』1981 年 5 月 15 日　7 面（중앙일보 1981 년 5 월 15 일　7 면.）
『中央日報』1988 年 6 月 14 日　8 面（중앙일보 1988 년 6 월 14 일　8 면.）
『中央日報』1989 年 8 月 14 日　15 面（중앙일보 1989 년 8 월 14 일　15 면.）
『中央日報』1993 年 7 月 23 日　2 面（중앙일보 1993 년 7 월 23 일　2 면.）
『朝鮮日報』2007 年 5 月 24 日　国際 A16 面（조선일보 2007 년 5 월 24 일　국제 A16 면.）
『デジタルタイムズ』2004 年 9 月 28 日（디지털타임즈 2004 년 9 월 28 일.）
『デジタルタイムズ』2004 年 12 月 27 日（디지털타임즈 2004 년 12 월 27 일.）
『ハンギョレ新聞』1988 年 6 月 16 日　5 面（한겨레신문 1988 년 6 월 16 일 5 면.）
『ハンギョレ新聞』1992 年 6 月 23 日　15 面（한겨레신문 1992 년 6 월 23 일 15 면.）

４．その他のインターネット記事
韓国経済マガジン、2012 年 6 月 6 日
　　http://magazine.hankyung.com/business/apps/news?popup=0&nid=01&c1=1001&nkey=201206
　　0400861000071&mode=sub_view
朝日新聞、2011 年 9 月 20 日
　　http://www.asahi.com/culture/news_culture/TKY201109200107.html
共感コリア、2012 年 8 月 3 日
　　http://www.korea.kr/policy/cultureView.do?newsId=148737040&call_from=naver_news
スターニュース、2012 年 1 月 31 日
　　http://star.mt.co.kr/view/stview.php?no=2012013110170397817&type=1&outlink=1
スターニュース、2010 年 4 月 30 日
　　http://star.mt.co.kr/view/stview.php?no=2010043015021629295&type=1&outlink=1
ムーヴィー・ウィーク、2012 年 8 月 27 日
　　http://www.movieweek.co.kr/article/article.html?aid=29681
MK ニュース、2007 年 2 月 1 日
　　http://news.mk.co.kr/newsRead.php?year=2007&no=55828
MK ニュース、2012 年 5 月 21 日
　　http://news.mk.co.kr/newsRead.php?year=2012&no=309865

索　引

あ行

インターネット配信　36
インターネット放送　36, 43
受け手　iv, 23, 47, 172, 185
映画振興委員会　142-144, 155, 160, 170, 175, 178, 206
映画振興金庫　146, 147, 149, 175, 177, 179
映画振興組合　143-145, 154
映画振興公社　142-145, 149, 154-160, 174-176, 178, 183
映画振興資金　146
映画振興法　141-143, 146
映画発展基金　148
（改正）映画法　96, 141-152, 154, 158, 176
衛星放送　ii, 33-35, 43, 82, 83, 95, 169
送り手　4, 165, 185
オンデマンドサービス　36

か行

観客動員数　55, 69, 100
韓国映画アカデミー　158, 159, 183, 209
韓国文化コンテンツ振興院　142
企業化政策　176, 183
規制緩和　81, 90, 96, 166, 170, 174, 177, 182, 183

金大中（キム・デジュン）　146, 159, 169
金泳三（キム・ヨンサム）　158
義務編成　89, 104, 108, 120, 123, 125, 127, 167, 169
許可（制度）　56, 66, 68, 79, 85, 97, 103, 174, 176
ケーブルテレビ　ii, 19, 30, 31, 33, 34, 43, 82, 83, 95
検閲　45, 96, 97, 142, 174, 176
嫌韓流　15
言論統廃合　103, 168
興行成績　55, 56, 60, 67, 84, 96, 99, 175-177
国産映画振興基金　142-145, 154, 158
コンテンツ　i-iv, 17-19, 21-25, 35, 36, 43, 65, 86, 89, 108-110, 112, 113, 115-118, 120, 123, 129-131, 134, 139, 170, 172, 177, 181-187

さ行

財源　114, 117, 135, 146-148, 150, 151, 173
参入規制　iv, 60, 61, 84-86, 108, 142, 144, 162, 166, 169, 170, 174, 176, 177, 183, 184, 186
支援政策　103, 110, 112, 113, 119, 120, 127, 129, 131, 152, 160, 166,

169, 170, 174, 178, 182, 183, 186, 192
視聴率　　　11, 16, 45-47, 89, 168
シネマコンプレックス（シネコン）　61-63, 142, 177
従属　　181, 182
所有規制（制限）　　iv, 77, 79, 80, 82, 85, 86
審議　　86, 88, 96, 97, 104, 108, 135, 142, 174, 176
申告（制度）　　56, 63, 84, 85, 142, 174
スクリーンクォータ制　　142, 146, 151-153, 175, 183, 195
スピルオーバー　　94

た行

大衆文化　　i, iii, 3, 4, 8, 11, 12, 14, 16, 20-24, 68, 92, 94-97, 99, 112, 142, 166, 172, 181, 182, 185
貸名映画（制作）　　86, 176
ダウンロード　　65, 66, 213
地上波放送　　18, 20, 33, 34, 36, 44, 46, 80-83, 90-93, 95, 96, 119, 121, 123-126, 168, 169, 185
著作権　　iii, 36, 120, 123-125, 193
等級　　96, 97, 174
投資組合　　61, 113, 115, 117, 146, 159, 171, 180, 206
登録（制度）　　56, 84-86, 142, 176

な行

内容規制　　iv, 86, 96, 97, 162, 167, 174, 183, 186

入場券統合電算ネットワーク　　64, 144, 159, 161, 178
盧泰愚（ノ・テウ）　　78

は行

配給　　iv, 55, 60-64, 73, 116, 174, 177, 178, 186
朴正煕（パク・チョンヒ）　　103
反韓流　　14
汎国家部門　　144
韓流　　i-iii, 3-8, 11, 13-25, 47, 49, 50, 59, 66, 67, 112, 115, 121, 127, 129, 166, 170-173, 179, 182, 191-194
剽窃　　94
プライムタイム　　45, 89
文化芸術振興基金　　148-151, 175
文化商品　　i, iii, 13, 18, 25
文化的近似性　　12
文化的割引　　185
編成規制　　47, 90, 91, 184
放送法　　78-82, 88-92, 103-108, 121, 134, 169

や行

有線放送　　33-35, 82
輸入推薦　　84, 89, 154, 174

英数字

AOD（Audio on Demand）　　36
CCTV（China Central Television：中国中央電視台）　　11
DBS（Dong-A Broadcasting System：東亜放送）　　77, 168

DDR（Dance Dance Revolution） 21
DMB（Digital Multimedia Broadcasting）
　　　33-35, 44
DMS（Digital Magic Space） 130
EBS（Education Broadcasting System）
　　　31, 36, 212
FTA（Free Trade Agreement） 152
iMBC　35, 36, 212
IPTV　　ii, 33-36, 66
KBS（Korean Broadcasting System）
　　　31, 36, 42-47, 77, 92, 125, 167, 168
KBSi　　36, 212
KOTRA（Korea Trade：大韓貿易投資
　　　振興公社） 22
Korean Wave　3
K-POP　11, 14, 15, 18-22, 24
MBC（Munhwa Broadcasting Corporation）　31, 35, 36, 42-47, 92, 125, 167, 168, 190, 197, 216
NHK（日本放送協会） 3, 16, 193
Prime Time Access Rule　120
RCA　37, 42
SBS（Seoul Broadcasting System）
　　　31, 35, 43, 44, 46, 125, 191, 192
SBSi　　35, 36, 212
TBC（Tonyang Broadcasting Company：東洋放送）　45, 77, 168
VOD（Video on Demand） 36
YouTube　ii, 19, 24

金　美林（Kim Milim　きむ　みりん）
慶應義塾大学大学院政策・メディア研究科後期博士課程単位取得退学。博士（政策・メディア）。韓国文化コンテンツ振興院政策研究チーム、韓国映画振興委員会および韓国文化観光研究院日本通信員などを経て、現在、慶應義塾大学・専修大学非常勤講師、慶應義塾大学メディア・コミュニケーション研究所研究員、総務省情報通信政策研究所特別フェロー（2010年7月〜）。

韓国映像コンテンツ産業の成長と国際流通
──規制から支援政策へ

2013 年 2 月 25 日　初版第 1 刷発行

著　者	── 金　美林
発行者	── 坂上　弘
発行所	── 慶應義塾大学出版会株式会社

　　　　　〒108-8346　東京都港区三田 2-19-30
　　　　　TEL〔編集部〕03-3451-0931
　　　　　　　〔営業部〕03-3451-3584〈ご注文〉
　　　　　　　〔　〃　〕03-3451-6926
　　　　　FAX〔営業部〕03-3451-3122
　　　　　振替 00190-8-155497
　　　　　http://www.keio-up.co.jp/

装　丁────後藤トシノブ
印刷・製本──株式会社加藤文明社
カバー印刷──株式会社太平印刷社

　　　　　　　Ⓒ2013　Kim Milim
　　　　　　　Printed in Japan ISBN 978-4-7664-2011-1

慶應義塾大学出版会

叢書21COE-CCC 多文化世界における市民意識の動態 15
東アジアのメディア・コンテンツ流通

菅谷実編　「韓流」ブームに代表される、東アジアの主要都市間に生じた情報流通の新たな潮流を、市場取引とそれをめぐる産業構造や制度の変化といった経済学的側面から分析、解明する。　●3,000円

叢書21COE-CCC 多文化世界における市民意識の動態 19
トランスナショナル時代のデジタル・コンテンツ

菅谷実・宿南達志郎編　情報通信のトランスナショナル時代を迎え、映像、音楽などのデジタル・コンテンツがデジタル・ネットワークを経由して提供されることに伴う様々な問題を、経済・経営・技術・法制度をキーワードに多面的に分析する。　●3,600円

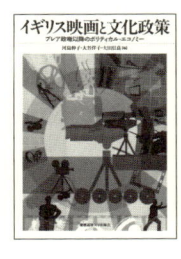

イギリス映画と文化政策
ブレア政権以降のポリティカル・エコノミー

河島伸子・大谷伴子・大田信良編著　1990年代以降の映画・テレビなどの映像文化への政策や市場環境変化の分析を通じて単なる文化研究ではなく、グローバル化する経済・変容する政治の側面をも含んだ「英国」理解へと導く、意欲的な8つの論集。　●2,600円

表示価格は刊行時の本体価格（税別）です。